U0147635

悅讀中國

守望紅樹林

路迪、周浩郎　著

人類只是自然界的一部分，
　自然界永遠不會順從人類。

美國作家賽林格在他的代表作《麥田的守望者》一書中寫道：

「那些孩子在一大塊麥田裡做遊戲。幾千萬個小孩子，附近沒有一個人——沒有一個大人，我是說——除了我。我呢？就站在那個混賬的懸崖邊。我的職責是在那兒守望，要是有哪個孩子往懸崖邊奔來，我就把他捉住——我是說孩子們都在狂奔，也不知道自己是在往哪兒跑，我得從什麼地方出來，把他們捉住。我整天就幹這樣的事兒。我只想當個麥田裡的守望者。」

北海的紅樹林地處中國最富魅力和前景的海灣之一——北部灣畔，對於環境生態效益遠超直接經濟效益的紅樹林來說，沿海開發「熱潮」並不是一個值得額手稱慶的大詞，其迅猛的殺傷力可能更甚於颱風極端天氣引發的滔天浪潮。縱使決策者足夠睿智英明，也難以抵擋住 GDP 高速增長的吸引；縱使海邊人足夠謙卑和感恩，也難以抗拒那觸手可及的金錢的魅惑。

紅樹林正遭遇著前所未有的危險，利益如獵豹，環顧窺伺，目光灼灼。

那些熱愛紅樹林、為了紅樹林發展而殫精竭慮、日夜操勞的人們能做的，

也許只有「守望」──把那些在生態懸崖邊快速奔跑的人們攔住，讓他們停下腳步，也許，能讓他們的目光穿透利益的迷幛，看到我們身處的這片土地和我們的命運。

也許，他們能做的僅止於此。

倘能完整地守望這片紅樹林，讓這片紅樹林得以平靜地生息繁衍，他們已足以面對斯土斯民；

若能更進一步，讓這片紅樹林漸次恢復，讓曾經存留在歷史上的丰姿向未來延伸舒展，他們將問心無愧地面對子孫後代。

俯瞰大海，仰望星空，回首過去，眺望未來。

這片紅樹林的生命比我們每一個現存的人的生命都要悠久，但願它們的未來平靜安泰，無盡漫長。

凝眸紅樹林 01章

一個異鄉人的紅樹林情結

一九九一年四月，正是仲春時節，位於廣西南部的濱海城市北海四處紅香翠繞、花開成海。長青東路 92 號廣西海洋研究所的院牆外已經乾涸的城市運河邊上，稠密的合歡花樹上綴滿了絨球一樣的紅色花團，紫荊和紫薇散亂地生長在路邊，恣意地舒展著柔軟的花瓣，似乎並沒有太精心地打理和修剪，卻也生長得朝氣蓬勃、生機盎然。

年輕的博士范航清饒有興致地凝視著這些繁茂的花草樹木，毋庸置疑，這是個很適合植物生長的城市。

不過這裡是否是一個值得年輕人為之託付終身、奮鬥終身的地方呢？身邊來來往往的行人步履緩慢、神色悠然。范航清心裡沒底。

行李包裡是一九八一年父母在他上大學時用閩北山區杉木木板釘成的大木箱、睡了整整九年的結結實實的棉被、千辛萬苦複印的珍貴資料，帶著博士剛畢業時指點江山的萬丈豪情，范航清離開了恩師林鵬教授（後成為中國工程院院士、著名植物生態學家）到位於北海的廣西海洋研究所報到。

林鵬惜才，竭力挽留范航清留校任教。在廈門大學這座被譽為「中國最美麗的大學」校園從事教學與研究，一生安享書聲和美景，是多少人夢寐以求的歸宿！此前，中山大學也向范航清表示，歡迎他來校讀博士後，繼續將求學深造之路向縱深拓展。

與此同時，廣西科學院和廣西海洋研究所也向這位年輕人發出了真誠的邀請，范航清心動了，這是象牙塔裡的書生關於事業和前景第一次最艱難的選擇。三個多月的不眠之夜裡，學長、師兄弟和家鄉親友們的勸說反覆在腦海中

像過電影一樣一幕幕回放，他糾結又惶惑。

「一片樹林裡分出兩條路——

而我選擇了人跡更少的一條，

從此決定了我一生的道路。」

艱難的思考後，范航清謝絕了導師的好意。他的理由很簡單：我想做點實事。我是中國第一個研究紅樹林的博士，不能只在書齋裡研究，我必須到紅樹林深處去，和紅樹林一起呼吸、札根、成長……最終，他選擇了北海。

北海於一九八四年經國務院獲批，成為第一批進一步對外開放的十四個沿海城市之一，論實力卻是當年同一批沿海開放城市中起點最低、底子最薄、發展最慢的。進入上個世紀九〇年代，一座地級市卻僅有二名博士，范航清是其中之一，可以想見北海科技、教育的窘迫處境。

彩虹掛紅樹

北海草頭村紅樹林

　　深深吸引范博士目光的是廣西北部灣岸線十五萬畝連片的紅樹林、豐富而極其便宜的海產、淳樸的民風和施展專業的可能空間。

　　據《中國紅樹林國家報告》披露，中國目前擁有紅樹林面積為 22639 公頃，其中重點分布區之一的北部灣地區擁有 8375 公頃，占中國紅樹林總面積

的 37%。

紅樹林是熱帶、亞熱帶海灣、河口泥灘上特有的常綠灌木和小喬木群落，是一種稀有的木本胎生植物。全世界有五十五種紅樹林樹種，中國紅樹林樹種共有二十七種。在中國，紅樹林主要分布在海南、廣西、廣東、浙江、福建和臺灣，其中以廣西紅樹林資源量最豐富，其紅樹林面積占中國紅樹林面積的1/3，這裡是中國大陸海岸發育較好、連片較大、結構典型、保存較好的天然紅樹林分布區。僅就合浦縣山口鎮的紅樹林來看，此地的紅樹林是中國大陸海岸紅樹林典型代表，該區域有紅樹植物十五種，其中真紅樹十種：木欖、秋茄、紅海欖（列入「中國國家物種基因庫」）、桐花樹、白骨壤、海桑、欖李、老鼠勒、銀葉樹、海漆，半紅樹五種：鹵蕨、節槿、楊葉肖槿、水黃皮、海芒果；浮游植物九十六種……

北部灣紅樹林生物多樣性豐富，其中不乏黑臉琵鷺、黑嘴鷗等瀕危珍稀物種。如果說廈門大學的實驗室是紅樹林的小客棧，是文藝青年在路上旅遊獵奇觀光的風景畫，那麼這裡才是紅樹林家族的樂園，是紅樹林開闊而溫暖的家！一片片碩大的綠色像地毯一樣徐徐展開，深深淺淺的綠、粗獷張揚的綠，時而淹沒於碧藍的大海，時而伸展向蔚藍的天際。

范航清捲起褲腿，一頭扎進這片林子裡，不出半個月，便曬得皮膚黝黑，瘦弱的他乍看如同一個農民工的模樣。

只有他自己知道，來到北海，他究竟收穫了什麼，付出了什麼，又感悟了什麼？

多年以後，范航清的女兒出生、長大，牙牙學語時的寶寶一看到電視上閃現關於紅樹林的畫面，就會驚喜而稚氣地叫，那是「爸爸的紅樹林」！在女兒心中，紅樹林就是爸爸的書房、客廳、廚房，甚至臥室。

紅樹林晨光

多年以後，范博士的名字後面添了一長串後綴：廣西紅樹林研究中心（廣西海洋環境與濱海濕地研究中心）主任和廣西紅樹林生態重點實驗室主任；廣西大學特聘教授，碩士（博士）研究生導師；國家濕地科學技術委員會委員；中國生態學會紅樹林學組副主席；聯合國環境署全球環境基金（UNEP/GEF）「扭轉南中國海和泰國灣環境退化趨勢」中國紅樹林專題首席專家；廣西政協委員，中央組織部直接連繫高級專家。

作為中國研究紅樹林領域最卓越的專家之一，范博士長期從事紅樹林、海草、鹽沼和濱海植物海陸過渡帶生態學研究，他的足跡頻繁地出現在亞洲、歐洲的國家，和聯合國展開多項合作研究。

二十三年過去了，范航清的名字已經和紅樹林緊緊地連繫在一起，須臾不可分離。

紅樹林，這個對許多中國人來說尚屬陌生的植物，究竟有著怎樣的魅力，能夠讓一位異鄉人如此著迷、一往情深，又讓無數生於斯長於斯的北海人感沛於心、魂牽夢縈？

紅樹林的餽贈

由於工作關係，范航清在家的時間頗為有限，要麼在紅樹林現場，要麼在去往紅樹林的路上。成為專家之後，他的生活多了一項內容：飛往中國各地和東南亞國家參與和紅樹林研究、保護相關的工作。

不同的國家紅樹林品相不同，如泰國安達曼海邊的紅樹林有頎長的枝幹、

白鷺在紅樹林枝頭棲息

支柱根都清秀挺拔，而廣西海岸的紅樹林粗壯、矮小，卻透著一股倔強的勁頭。

　　不管品相如何，毫無疑問的是，紅樹林是世界上最忠厚、最堅韌、最無私的自然生態系統之一。人們比喻紅樹林濕地為「地球之腎」，足以說明其對於地球生命的重要意義。

　　世間所有的水中，滋味最鹹最苦的莫過於海水，紅樹林就是「苦水裡泡大

的孩子」。選擇了與大海相依而生，就是選擇了日漸粗糙、堅硬、傷痕纍纍的容顏；就是選擇了一場場狂風巨浪的侵襲掠奪、一次次承受潮水的沒頂之災……然而紅樹林卻慷慨地餽贈給了海邊人豐富而鮮美的生活，有近百種鳥類在這裡棲息，有數不盡的魚蝦蟹貝在這裡生活繁衍。

在北海的這片紅樹林區域內，蘊藏了底棲硅藻 158 種、魚 82 種、貝 90 種、蝦蟹 61 種、鳥類 132 種、昆蟲 258 種、其他動物 26 種。

世界稀有珍貴的海洋哺乳動物——儒艮就棲居於紅樹林外側，對於儒艮知者不多，但說到它的另一個名字——「美人魚」，相信你的腦海裡一定會不由自主湧現出許多美麗動人的傳說。

林內還棲居有白鷺、黑臉琵鷺、貓頭鷹、樹鵲、白鶴等鳥類，其中黑臉琵鷺屬珍稀動物，全球最瀕危的鳥類之一，中國二級保護動物，世界自然保護聯盟（IUCN）所列有滅絕危機的物種。除了眾多的鷗型目、雀形目等留鳥（如老鷹、隼、八哥等）外，每年秋冬季節，還有大批鶴類、鸛類、鷺類等候鳥光臨，初步調查有 132 種。每天都有成群的白色、灰色、黑色的鳥兒在紅樹林上空盤旋，它們伸長脖頸、姿勢優雅、動作輕盈，在藍天碧海間翻轉、騰挪、瀟灑競技。

鳥擊長空，魚翔淺底。

由於紅樹林為生物繁衍創造了很好的適生環境，因此依託著紅樹林的生物資源十分豐富。

紅樹林裡生長的魚類有鱸魚、真鯛、鯔魚、梭魚、彈塗魚、蝦虎魚等；

蝦類有墨吉對蝦、長毛對蝦、脊尾白蝦、周氏新對蝦及中華管鞭蝦等；

蟹類有鋸緣青蟹、招潮蟹等；

貝類有牡蠣、貓爪牡蠣、中國綠螂及泥蚶等。

紅樹林下泥灘底棲生物有沙蠶、蠕蟲和星蟲等。

退潮的沙灘上，野老村婦腰懸竹簍、手舞鋤犁、彎腰耕耘。耕田的人耕耘的是希望，春種秋成；耕海的人耕的是驚喜，每一次鋤犁的揮動，或是一條胖乎乎的沙蟲，或是一枚圓鼓鼓的海螺，有時候是肥美的青蟹、鮮嫩的彈塗魚、清新爽口的欖錢（白骨壤的果實）……只要勞動，總會有一份收穫。一個一個微薄的收穫累疊在一起，日子就變得沉甸甸的。

不久前，中央電視臺《舌尖上的中國》第二季播出，其中紅樹林灘塗上的「沙蟹」引起了大家的熱議：密密麻麻的長腕和尚蟹迅捷地在沙灘上爬行，像特種部隊在集結，饒有生趣。

招潮蟹

當然，既然是在「舌尖」系列亮相，這小沙蟹就不只是可愛而已。北海人會利用海邊豐富的沙蟹資源，把沙蟹放在盛有清潔海水的桶裡，讓沙蟹在裡面游，用手輕洗，反覆換水。將沙蟹腹底的那塊臍蓋掀掉或擠出臍底污物，把沙蟹放到清潔並乾燥的瓦盤（類似搗臼的器物都可以）裡搗碎，放進適量切成顆粒的蒜頭、薑、辣椒、白酒拌勻。最後再把它分裝到玻璃瓶裡，放在太陽下曬一個鐘頭左右，傳統的北海沙蟹汁就這樣製成了。

沙蟹汁完全是「生」的，製作過程中也沒有加熱煮熟的步驟，因此帶有一股子腥味，但吃起來卻很香很鮮。也因此，沙蟹汁成了類似「臭豆腐」的存在，喜歡的人趨之若鶩，討厭人的則是避之唯恐不及。

看到電視屏幕上的畫面，很多人已經是口不能食、心嚮往之，而吃著沙蟹汁長大的北海人，更是回味無窮。

比起沙蟹汁，名氣更大的紅樹林食物是泥丁，即可口革囊星蟲，這是分布於紅樹林區的星蟲動物。廈門著名小吃——土筍凍即由泥丁製成，具有滋陰、補腎、去火的食療功能。在廣西沿海，泥丁是市場上和餐館裡常見的海鮮之一，味道鮮美。其烹飪方式多樣，可熬粥、可煮湯，亦可生吃和清炒，故擁有很好的市場。

其實在本地人心裡，泥丁雖味美，但「沒有最美，只有更美」，比泥丁售價更好的是沙蟲，學名光裸方格星蟲。

凡是接待過外地遊客的本地人，不止一次經歷過這樣的反差：外地的客人，尤其是女客，看見端上來這盤狀如大蚯蚓的白色蟲子，忙不迭拒絕；但到飯局最後，不論是蒜蓉清蒸還是刺身，消滅得最乾淨最徹底的食物肯定是沙蟲。

紅樹林邊的婦女年均挖掘沙蟲天數不少於一百八十天，最多達二百四十

天，年人均收入萬元以上，這對於當地農村家庭而言，是一筆重要的經濟收入。

紅樹林以她的樸實厚重庇佑著一方百姓，讓耕海人的夢想點石成金。這些純天然的綠色食品，構成了北海人餐桌上的美食，共同打造了北海人「舌尖」上新鮮、豐腴、甘甜的幸福生活。

紅樹林就像一座沉默的寶庫，作為熱帶、亞熱帶海濱地區一類重要的濕地生態系統，與海草床、珊瑚礁、上升流並稱為「世界四大最富潛在資源的海洋自然生態系統」。其中，紅樹林是四大海洋自然生態系統中最具特色的一個，是陸地生態系統向海洋生態系統過渡的最後一道「生態屏障」。這最後一道「生態屏障」的價值涉及生態、社會與經濟各方面，尤其在固岸護堤、防治災害、維持生物多樣性和海岸帶生態平衡、防治污染、淨化環境、美化景觀、發展旅遊和科學研究等方面具有重要功能。

如果用金錢衡量這些價值，可以得到這些數據：據估算，每公頃紅樹林每年大約提供一萬美元的綜合價值，全球總量超過十六億美元。專家測算出的中國紅樹林的年生態功能價值（環境服務價值）為 23.65 億元，這一價值未包括生態旅遊、海洋製藥、濱海景觀改善等方面的市場價值。

拿海洋製藥來說，紅樹林為人們帶來大量日常保健自然產品，如木欖和海蓮類的果皮可用來止血和製作調味品，根能夠榨汁，也可以生產貴重香料。在印度，木欖和海蓮類的葉常用於控制血壓。斐濟的島民把海漆類的紅樹林樹葉放入牙齒的齒洞中以減輕牙疼。據說紅樹林的果汁擦在身體上可以減輕風濕病的疼痛。哥倫比亞太平洋海岸的人們浸泡大紅樹的樹皮製成漱口劑來治療咽喉疼。在印度尼西亞和泰國，人們用紅樹林的果實榨油，用於點油燈，還能驅蚊、治療昆蟲叮咬、痢疾發燒。

由於中國剩餘的紅樹林已不多，資源十分寶貴，直接利用紅樹林對中國而

言是奢侈的，甚至已失去實際意義。而紅樹林通過其海洋生態系統功能表現出來的間接價值要遠遠超過其直接價值，這是國際上也是廣西和北海保護與利用紅樹林的最主要方面。比如利用紅樹林對海洋水體的淨化作用。紅樹林是近海水域的生物淨化篩或「腎臟」，它可以促進水體中懸浮物的沉積，促進養殖海區水體的清澈和減少港口航道的淤積，其淨化作用包括對重金屬、農藥、生活和養殖污水、海上溢油的淨化、減緩赤潮發生等，因此毀滅紅樹林就等於解除了近海漁業一個最有效的生態保險。

紅樹林在海水中汲取營養，在沙石中站穩腳跟，生殖繁衍。更重要的是它

紅樹林周邊村民在挖沙蟲

味道鮮美可口的紅樹林灘塗生物——沙蟲

與南方眾多美麗的物種相比雖然樣貌顯平淡，卻是迎接海浪侵襲的「刀鋒戰士」。當大浪撲天卷地而來時，她是怎樣用陰柔和堅韌來消解那洶湧的浪頭？沒有經歷過風暴的人可能無法想像颱風的可怕，沒有與紅樹林相伴相依的人，也難以想像紅樹林沉默中的堅強。

紅樹林研究和保護人士公認的事例就是在二〇〇四年導致了近三十萬人罹難的印尼大海嘯中，印度南部泰米爾納德省沿海一帶的村民很幸運地躲過了海嘯的襲擊。不是因為這些村民有未卜先知的超能力，而是這一帶生長著一片片生命力極強的紅樹林。

許多北海人對進犯本土的那幾場凶殘暴戾的颱風記憶猶新：

紅樹林灘塗

一九八六年，北部灣沿海發生了近百年未遇的特大風暴潮，合浦縣 398 公里海堤被海浪衝垮了 294 公里，但凡是堤外分布有紅樹林的地方，海堤就不易沖垮，經濟損失也小得多。

一九九六年九月，一場風力超過十二級的颱風橫掃英羅港。在大風來臨之前，數十條捕魚船擱淺在紅樹林外的海域。大風中有八條漁船被打翻，數名漁民遇難。讓眾多漁民驚訝的是，大風前就躲在海面附近紅樹林內的漁船和紅樹林後的上千畝良田卻安然無恙。而海塘村等沒有紅樹林的地方，上百畝農田被毀。

紅樹林生長於陸地與海洋交界帶的灘塗、淺灘，擁有著防風消浪、促淤保灘、固岸護堤、淨化海水和空氣的超能力，據說寬度一百米的紅樹林可以消減80%的風暴潮衝擊力。其盤根錯節的發達根系能有效地滯留陸地來沙，減少近岸海域的含沙量；茂密高大的枝體宛如一道道綠色長城，有效抵禦風浪襲擊。「綠色盾牌，熱血鑄就，危難之中顯身手。」紅樹林，成了濱海人民生命財產的庇護所。

人們給了紅樹林由衷的讚美，僅從見諸報端的資料中就可以見到這樣的稱謂：「地球之腎」「海岸衛士」「海上森林」「綠色聚寶盆」「生物基因庫」「生物盾牌」「造陸先鋒」「海水淨化劑」「環境守護神」「綠色長城」「天然避風港」「農田防洪牆」「鳥類天堂」「海洋農牧場」「無機氮、磷終結者」……作為「地球上生產力最高的海洋自然生態系統」、陸地生態系統向海洋生態系統過渡的最後一道「生態屏障」，文字已難以描述紅樹林之於海邊人的重要意義。

紅樹林

素描紅樹林

　　大自然的植物種類繁多、千姿百態，人們往往偏愛那些爭奇鬥豔、馥郁芬芳的花卉，詩人們用詩歌、畫家們用繪畫、音樂家們用動聽的歌曲送上自己的讚美。智能時代，愛美的人更是喜歡在各種盛開的鮮花前自拍、合影，百花爛漫，人在叢中笑。與之相比，紅樹林顯得平淡、樸素、敦厚，貌不驚人。

　　關於紅樹林，人們最常問到的一個問題就是：紅樹林，為什麼不是紅的？不止一位外地遊客說起初見紅樹林時的感受：這就是紅樹林？！明明是綠色的低矮灌木植物嘛，完全風馬牛不相及。

紅樹林名字的由來，不在其形、相，綠色其皮，紅色其質，用「一片丹心」形容它再貼切不過了。事實上，大部分紅樹植物是一片鬱鬱蔥蔥的綠。紅樹林的名稱來源於一種紅樹科植物——木欖，馬來西亞人在砍伐木欖時，發現不僅裸露的木材顯紅色，砍刀的刀口也變成紅色，他們利用這種植物的樹皮提取物製作紅色染料，而紅樹植物也享有了這個富於傳奇色彩的名字。

　　所謂的紅樹林是由紅樹科的植物組成。在世界的熱帶、亞熱帶地區，一些生長在陸地的有花植物進入海洋邊緣後，經過極其漫長的演化過程，形成了在潮間帶生長的紅樹林。這種在潮漲潮落之間受到海水週期性浸淹的木本植物群落因其富含「單寧酸」，被砍伐後氧化變成紅色，故稱「紅樹」。

　　你可以設想一下這樣的情景：當你不小心將銳利的刀具刺向紅樹林，你會發現，從它的身體裡流淌出的是「血」。這樣的畫面讓人怵目驚心。

　　紅樹林不「紅」，和許多樹種相比，它的個頭也偏矮。尤其是北海的紅樹林，和東南亞一些國家的紅樹林相比，就是個植物界的「小矮子」。但它的矮小是有理由的：紅樹林倚海而生，隨潮漲而隱，因潮退而現，是熱帶、亞熱帶海岸潮間帶特有的木本植物群落，適合生長在海水和淡水交匯處形成的沖積鹽土或含鹽沙的土壤中，淤泥沉積越多的地方越是它們的生長福地。由於生長在海水中，為了防止海浪衝擊，紅樹林植物的主幹一般不會無限增長，所以我們看到的一般也就一兩米高左右，同時枝幹上還會長出多數「支持根」扎入泥灘裡以保持自身穩定。

　　但是，來紅樹林看風景的人們絕對不會失望。退潮時，其發達的「支持根」裸露在灘塗上，構成了一架別具美感的雕塑。

　　紅樹林的根系發達，枝枝根根十分繁多，有的一棵樹上竟上掛長著數百條氣根。比如紅樹林的紅海欖，從樹幹上斜伸出去的根多達幾十條，甚至幾百

條。這些根系可分為支柱根、板狀根和呼吸根。其中最引人注目的是紅樹屬植物的密集支柱根，它從樹幹或枝幹各部位呈放射狀長出，向下伸長插入泥中，形成一個穩固的支架，外貌似雞籠狀，故被稱為「雞籠罩」，「支持根」使植物處於風浪中而不為所折。這種「支持根」使得紅樹林在泥灘上十分牢固地札根生長，彎彎曲曲、盤盤錯錯的根彷彿是一支支遒勁的長矛，時刻準備著與颱風作無所畏懼的戰爭。

而一旦漲潮，紅樹林則會呈現出一種搖曳多姿的美。歡快的海水波浪輕漾，像小鳥啄食一樣不斷輕吻著紅樹林，頑皮地用雪白的浪花給樹林披戴白色花冠。紅樹林溫柔敦厚，靜謐地棲息在大海懷中，秀髮輕揚；三五成群的白鷺翩翩起舞，像一隻隻白色的小天使，在天與海的帷幕前盡情舒展著輕盈的舞姿。海風過處，綠浪湧動，在目光的盡頭，長天與海水相互交融……這樣的場

紅樹林發達的根系

景十分具有現代主義作品的畫面感。因此，紅樹林成為藝術家們筆下常見的素材。

第十一屆亞運會火炬的設計者、北海籍畫家黃曉其曾經繪過一幅作品《生命》：

灰濛濛的土地像被大火燒過一樣，卻有一株細弱的紅樹植物從地上冒出來，彷彿在述說著大自然中生命的奇蹟⋯⋯水彩畫《生命》入選第九屆全國美展，榮獲廣西美術展覽一等獎。

在北海外沙藝術家村，像黃曉其這樣喜歡以紅樹林作為素材來創作的畫家不在少數，他們落筆有神，將紅樹林的身姿、發達的根系以及搏擊風浪的勇敢展現的淋漓盡致。

人們喜歡用鮮花來比喻少女，形容其姿態萬千、嬌嫩可人。如果說鮮花是一種少女氣質，那麼在紅樹林的身上，似乎更多的是一種母性的情懷，就連紅樹林的繁殖生長都顯得「母性十足」，簡直是大自然的異類，科學家們稱這種生長方式為「胎生」。紅樹林四季常青，長有像榕樹一樣的呼吸根或支柱根，它們傳宗接代的方式是：種子成熟以後並不掉落，而是在母樹上發芽，首先發育形成綠色桿狀的胚軸，向下伸展出幼根。胚軸的下端是胚根部分，粗而重；胚軸的上端是胚芽部分，細而輕。這樣懸掛著的幼苗在外力作用下，如遇風雨、海浪的衝擊而脫離果實墜落時，總是胚根部分在下而胚芽向上，由於莖和根較重，幼樹會垂直下墜，或直接落在淤泥之上發育生長，或落於海水中隨海潮漂浮散播到遠處。那些墜落的幼根穩穩地插入海灘泥中，繼續獨立生長，一至二年後便可長成一株小灌木。如果小苗不慎掉在海水中，即使被海浪衝走，也能隨波逐流，一遇泥沙，數小時後即可生根，伸入到淤泥中固定而不會被下一次的潮水沖走。

種子可以在樹上的果實中萌芽長成小苗，然後再脫離母株，說起來還真的很像女人懷胎十月、瓜熟蒂落。

　　除了「生娃」這事兒很酷，紅樹林還有一個獨門秘籍，那就是——逆濃度梯度吸收。對於一般植物而言，由於海水和海灘上土壤溶液的濃度可能會大於植物體內的濃度，導致植物不僅不能吸收土壤裡的水分和養分，反而會被反逼出體內的水分從而被活活「燒」死。紅樹植物絕大部分屬於鹽生植物，具有排

紅海欖胚軸（胎生幼苗）

綠葉對根的情義

除或分泌鹽分的結構，能將吸入體內的鹽分經過葉表面分布的鹽腺排出，排在葉表面的鹽分晶體會被雨水等淋洗掉。紅樹林的「逆濃度梯度吸收」功能使得其處逆境而不死，在海水中一枝獨秀的同時也有效地防止和減少了赤潮的發生，從而促進海洋生物的生長繁殖。

　　紅樹林以一種豐富、涵容、奉獻、堅韌的品格，傲立於海天之間。紅樹林，乍看不甚華美，細細端詳，卻天成大美！

紅樹林之殤 02章

紅樹林的劫難 —— 瘋狂的養殖業

「紙上得來終覺淺，絕知此事要躬行。」到廣西海洋研究所報到後，范航清一頭鑽進紅樹林，憑藉著紮實系統的理論基礎迅速領會了海洋濕地研究實踐的關鍵所在。一九九二年，范航清主持完成「廣西北部灣北部海岸紅樹林生態系及其快速恢復」課題，初步掌握了廣西沿海紅樹林生態系的資源，為其後的研究與學術創新積累了多學科的基礎知識。

一九九三年，通過實驗分析，范航清在國際上首次發現了秋茄紅樹植物的胚軸光眠現象，為解釋紅樹植物的大洋漂移和種類的地區一致性提供了重要證據。

一九九四至一九九九年，范航清發表了一系列研究論文，第一次從理論和方法論的高度回答了廣西紅樹林的突出特徵、生態經濟價值、歷史演化、恢復造林規模等問題。同時他還提出紅樹林漁業—海堤—紅樹林減災模式，針對這一模式，他提出了海堤維護傳統模式和生態模式結構和功能的比較，這在中國紅樹林領域的研究方向方面是一個創新，這一模式也於一九九五年成為亞洲發展銀行的首選項目。

范航清成為中國國內獨樹一幟的紅樹林研究專家，他主編的《中國紅樹林研究與管理》已經成為中國紅樹林研究的經典資料之一，他的《紅樹林——海岸環保衛士》是中國政府有關部門對治理紅樹林決策時的重要參考資料和骨幹培訓教材。這其中有個小插曲，當年范航清用這本書參評廣西科技進步獎，因為廣西紅樹林研究才剛剛起步，與會的專家甚至沒有辦法廓清該書究竟是屬於漁業還是林業系統，因此在小組評審階段就給「咔嚓」了。

有一個背景不得不提及。范博士埋首書案、認真做學問的這些年，正是全民下海的高峰期，也是沿海養殖業方興未艾的時期，廣西、廣東、海南沿海隨處可見連片的對蝦養殖場。當時，廣西幾乎所有從事海水養殖的專家都集中在廣西海洋研究所，這些平日裡坐冷板凳的專家們一時之間紅透北部灣，眾多養殖戶們爭相邀請專家們上門做技術輔導，一些技術人員乾脆直接走向蝦塘，親自出馬用手頭的技術搞養殖。賺到錢了，曾經的專家、如今的蝦老闆們晚上就聚在一起，喝燒酒、猜碼、打牌——無論知識結構如何差異，人們對於享樂的基本態度都那麼相似。在喧鬧的人群中，范博士就像一個異類，每天默守在實驗室和書桌前，伏案疾書。在人們眼裡，這個博士就是一個最典型的「書呆子」。有熱心人勸他一起下海搞養殖，范博士連連擺手，彷彿人家在羞辱他。

獨善其身，需要的是一份定力。當時的北海，海水養殖到了多瘋狂程度，通過一則新聞可以略知一二。

二〇〇一年十一月二十四日，新華網上有這樣一則新聞：

日前，廣西北海市合浦縣毀壞世界珍稀保護植物紅樹林的 4 名犯罪嫌疑人歐才其、歐家留、陳文利、洪槐珍分別被合浦縣人民法院一審判處 1 至 4 年有期徒刑。這是北海市毀紅樹林者首次受到法律的懲罰。

合浦縣人民法院審理查明：被告人歐才其於 2000 年 4 月，在合浦縣白沙鎮欖根村海灘塗上圍塘養殖螃蟹，致使塘內 5.62 畝紅樹林枯死，被毀壞紅樹林林木價值人民幣 28100 元；

......

北海 4 名毀紅樹林者被判刑，體現了國家對紅樹林資源的法律保護。

在破壞事件發生的當年五月，《華南新聞》《中國環境報》《南國早報》《北海日報》等新聞媒體對廣西合浦到閘口鎮福祿村、茅山村一些村民擅自在沿海灘塗非法砍伐紅樹林建造蝦塘的事件進行新聞「曝光」，但並沒有遏制事態的發展。

直到二〇〇一年，有人將此事狀告到海洋管理部門，並被當時名噪一時的節目《焦點訪談》曝光，舉國震驚。二〇〇一年八月三十一日，國家環保部公布了二〇〇〇年十大破壞環境重大事件，「閘口毀林養蝦事件」上了黑名單。事後，北海市委、市政府、合浦縣委分別作出決定，免去閘口鎮黨委書記、人大主任、黨委副書記、鎮長、鎮灘塗辦主任、縣海洋辦主任等八人的職務，並立案檢查，將五名涉案人員依法拘捕。

這也是中國第一次對放任甚至慫恿毀壞紅樹林的官員進行追責。至此，砍伐紅樹林事件才得到制止。

讓新華社記者馬順生前記憶深刻的是：當時圈海砍伐紅樹林甚至不需要批准，認為保護紅樹林沒有用處，賺錢才是第一要務，領導、老百姓都在圍海。閘口出現毀林的惡性事件時，北海海洋局長、合浦縣縣長都在現場，卻不能制止住人們近於瘋狂的舉動。范博士氣得臉都白了，這個體型瘦削的人，那一刻不知從哪裡來的勇氣，他衝上去擋在推土機的前面，渾身顫抖地說：「你們再輾，就從我身上輾過去！」在場的人驚呆了。

馬順曾多次提及這一場景，感慨萬千。兩人由此成了朋友，常常坐在一起，暢聊關於紅樹林的發展和規劃。

即便在當時那樣瘋狂的大氣候下，他們也堅信，紅樹林會有一個光明的前景。

在北部灣沿海「養殖熱」中掀起的「圈海運動」中，利潤極高的對蝦養殖

成為首選，除了直接砍伐紅樹林推挖蝦塘，更多地方將水稻產量不高的海邊咸酸田改造養蝦。

漁民把長著紅樹林的灘塗圍起來建魚蝦塘，海水無法退去，以致紅樹林根須無法呼吸而死。基圍魚塘耗費了大面積的宜林灘塗，成為阻礙紅樹林保護和發展的長期的、尖銳的主要矛盾。

一項權威數據表明，一九八〇至二〇〇〇年間，廣西有 1464.1 公頃紅樹林被占用，95%用來修建蝦塘。僅一九八六至二〇〇八年，廣西沿海有 166 個蝦塘來源於紅樹林灘塗區域，每個蝦塘平均毀滅紅樹林 2.64 公頃，共造成 438.91 公頃紅樹林的消失。

這組令人怵目驚心的數據是一九八六年以來廣西紅樹林減少的最主要原因。

僅對生態最為茂密的山口紅樹林而言，保護區從建區以來，共發生過六起毀林建蝦塘事件，毀滅紅樹林七公頃。

物質文明正在顛覆已有規則，想要拉住人類追逐財富的腳步往後退，那是非常困難的。追逐財富已經成了時代的共同節奏，人們的視線是財富，更多的財富！越來越多的財富！只有少數人才會考慮什麼是最合理的速度和最持續的能量。

這句話用於對紅樹林的反思，是再清醒不過了。

紅樹林的劫難 —— 蟲災

　　紅樹林是一座沉默的寶庫，雖然其巨大的生態和防颱風功能早已為人所知，但仍阻止不了人為的破壞，它還要遭受氣候變化的影響。

　　廣西天然紅樹林從一百多年前的 2.4066 萬公頃減少到上世紀五〇年代初的 1.5951 萬公頃，二〇〇一年廣西剩下天然紅樹林 8375 公頃，林區海洋動物資源減少 80%以上，系統的生態功能明顯退化。

　　造成這樣的困局原因是多方面的。一九五〇年以來中國的紅樹林經歷了三次較嚴重的破壞，一是上世紀六〇年代初至七〇年代的圍海造田運動，廣西沿海的紅樹林也未能倖免於難；二是上世紀八〇年代以來的圍塘養殖；三是上世紀九〇年代以來的城市化、港口碼頭建設及工業區的開發。當時正值改革開放、大力發展經濟時期，大片砍伐紅樹林建港口碼頭，吸引外資進入內地投資。由於經驗不足，往往是以犧牲自然資源為代價，換取一定的經濟利益後，再進行保護。

　　僅從養殖來看，除了對紅樹林樹木直接影響外，還對紅樹林系統的食物鏈、功能的完整性具有破壞作用。紅樹林業界專家都記得這個例子：泰國幾年前的調查表明，每生產二十五萬噸對蝦，使用的抗生素就達五百噸。養殖過程中大量使用各種消毒藥物，特別是氯化物排放到海裡，損害、殺滅其他生物，整個系統的功能結構會發生微妙變化，累積起來就會導致系統崩潰。

　　學者的說法不幸得到了應驗。

　　二〇〇四年五月二十三日，山口保護區護林人員在巡護監測過程中發現，在實驗區永安村灘面的紅樹林出現大面積白骨壤葉片變黃的現象。

白骨壤的果實又名「欖錢」，「欖錢」狀同蠶豆，可以炒著吃，也可以同牡蠣、文蛤等一起燜煮來吃。每每等到潮水退去後，當地漁民便會下海採摘「欖錢」。「欖錢」採摘這種名字如此吉利的果實，想來村民們心中常常有著別樣的興味和愉悅。

然而這一次看到熟悉的「欖錢」，卻讓人十分驚駭。映入眼簾的受災白骨壤葉片出現斑塊壞死，葉脈乾枯、網狀裸露。葉子邊緣呈鋸口狀殘缺，像被很多蟲子咬過，部分葉片乾枯捲起成筒狀，內包具蟲蛻或白色絲狀物。有些樹整棵焦黃，幾乎沒有完全葉片，落葉光枝達百分之三十以上，個別枝條已出現枯死，連片白骨壤從外觀上看就像被火烤焦了一樣。與此同時，與保護區相鄰的廣東省湛江紅樹林保護區和鐵山港的白骨壤也相繼出現葉片變黃枯萎症狀。

海邊撿欖錢

紅樹林的果實——欖錢

受災的白骨壤主要分布在英羅港核心區新村、丹兜海實驗區永安村、和榮村至那譚村一帶的灘面上，三處受災面積分別為 13.1 公頃、40 公頃、53.1 公頃。除了這三處白骨壤群落面積較大、白骨壤葉片變黃枯萎較為嚴重之外，其他灘面上的紅樹林混交群落中也有零星白骨壤變黃枯萎的情況出現。

永安村的村民驚呼：「從來沒有見過這麼凶的災情，沒有見過紅樹林遭受這樣的大災。」

五月三十日，山口紅樹林保護區管理處請來范航清博士和何斌源副研究員等專家到保護區實地考察，給白骨壤「把脈問診」，尋找受災原因。一個星期

後，專家們得出初步診斷結論：導致白骨壤變黃枯萎的原因是病蟲害，主要是卷葉蛾和蟬類害蟲。這種害蟲叮咬蠶食白骨壤的葉片，使之無法進行光合作用，有的甚至鑽入枝條髓部造成枝條死亡，因此大片白骨壤出現枯萎情形。

據統計，這次蟲災使廣西北海、防城港、欽州三地遭受不同程度的破壞，三地發生蟲災的面積分別占總面積的 6.25%、1.5%和 13%，其中山口保護區內受災的 106 公頃是災情較為嚴重的地區。這是山口保護區四十年來遭遇到的最嚴重的病蟲害。消息一經傳出，民眾嘩然，各種猜測紛紜，紅樹林一時間成為公眾關注的焦點。我們堅強的海岸衛士──紅樹林到底怎麼了？

此事件引起了各方的高度關注。對於紅樹林這場蟲災，有專家提出是保護區周邊近海環境惡化引發了這次蟲害，是因為沿海多家養殖場內消毒使用的各種消毒劑及其他藥物大量排到海裡，這些消毒劑和藥物在殺死養殖場海產品天敵的同時，惡化了海洋生態平衡的環境，造成了此次災害。

由於專家的看法涉及海域污染的嚴重問題，溫家寶總理也關注到此事，並在有關匯報材料上作出批示，要求廣西區政府出面組織調研小組，指導紅樹林的診治工作。接到命令後，時任廣西壯族自治區主席陸兵作出指示，要求自治區主要領導組織有關專家到現場會診，提出可靠的防治方案，並組織力量開展防治工作，加快行動，加大力度，千方百計保住紅樹林。六月二十四日，自治區領導會同自治區國土資源廳海洋局、自治區林業局植保站、自治區環保局、自治區財政廳等部門領導、專家到山口紅樹林保護區進行現場辦公調研工作。

一番調研過後，關於紅樹林生病的原因，就是在專家組內部，也有不同聲音。有專家提出是保護區周邊近海環境惡化引發了這次蟲害。也有專家注意到為了依靠大海的潮汐為蝦塘換水，這裡蝦塘全部都安裝了抽水機，粗大的排水管像彎曲的巨蟒，直通進紅樹林濕地中。緊靠紅樹林的近百畝蝦塘抽水的噪音，使紅樹林濕地中的飛鳥減少，而這些鳥類可能會是螟蛾的天敵。噪音使得

紅樹林濕地裡的益鳥和昆蟲減少，直接影響了生態環境。工作組部分專家還認為，當年降水少才是暴發這場蟲災的主要原因，雨量的減少使害蟲在樹枝、樹葉上得以安全產卵並孕育出成蟲，而溫暖氣候又非常適宜蟲子的生長，對植物造成傷害。

專家們經過分析研究，已基本確定危害紅樹林的蟲類是廣州小斑螟、雙紋白草螟、卷葉蛾等。

由於斑螟生活在白骨壤葉片背面而不取食葉片正面，施用生物農藥時必須將藥劑噴灑在葉片背面才能發揮效果，然而退潮時紅樹葉下皆是淤泥，噴藥似乎不現實。在災情控制和防治過程中，為保護附近海域不受污染，保護區工作人員主要採取了「保守療法」，如在退潮時用高壓水槍沖噴樹冠，以沖走幼蟲和蟲卵，或對危害蟲蛾和蟬蟲進行撲打；在晚間安放誘捕燈，誘捕害蟲，或燃火誘殺；在退潮時，對樹冠撒生石灰或噴淋石灰水以滅殺卷蟲蛾等。通過這些對環境較少污染的措施，控制災情進一步蔓延。

同時，保護區管理處迅速建立災情監測報告制度，實行二十四小時監測和報告。各點的救治和災情控制情況每天必須報告辦公室，由辦公室收集統計並反饋。此舉加強了信息溝通，方便了現場救災的指揮和協調。

一場保衛紅樹林之戰在山口紅樹林保護區打響。這是一場紅樹林界的「非典」，紅樹林的命運牽動著人們的心。

六月以來，各有關科研機構包括中國林業局森防、廣西農科院植保所、廣西大學農學院、廣西林業廳植保總站、廣西林科院以及廣西森防總站、北海森防站的專家、教授共四十八人次分別到實地為保護區受災白骨壤進行診斷，提出治理意見。保護區出動近千人次，白天利用退潮間隙用高壓水槍輪番噴淋，晚上用閃爍的燈光為害蟲布下陷阱。

經過上下一心、堅苦卓絕的抗爭，二十天後，蔓延的災情初步得到控制。紅樹林保護區核心區受害面積控制在一千六百畝以內，整個保護區受災不超過三千畝。一個月後，紅樹林災情基本得到控制，遭受蟲災的白骨壤有不少已經長出新葉。退潮後的灘塗上，紅樹林裸露的樹根中間，肉眼就可以見許多鋸緣青蟹在爬行著，雖然個頭很小。

村民參加保護區蟲害防治培訓

因為受災樹木開始返青，不少人鬆了一口氣。但形勢依然不容樂觀。資料顯示，斑蛾一年發生三至四代，每年的六至九月為高發期。這次蟲害雖已過去，但仍存在著發生第二代、第三代蟲害的危險，監測巡查工作無法鬆懈。在找出解決辦法之前，防治人員必須加強巡查監測，保護受災後冒新芽的白骨壤和目前沒有受災的其他品種的紅樹，防止這類蟲子再度來襲。

也有當地村民認為枯黃的樹枝已經死了，隨便砍回去當柴燒，這樣一來會使尚能萌芽的白骨壤失去重生的機會。在防治蟲害的同時，保護區還加強了對附近居民的宣傳，以防他們無心鑄成錯誤。

雖然狙擊戰取得階段性勝利，但范航清博士依然憂心忡忡。他擔心乾旱氣候只是促成蟲災的外在條件，是一個近因，粗放型養殖為代表的「人類行為干擾」仍是最可疑的因素。「在同樣的氣候條件下，如果生態系統健康，不一定成災。就像感冒，一個人抵抗力強，驟冷驟熱也不會感冒；而體質虛弱，感冒病毒就會乘虛而入。」他說。他更擔心為害紅樹林的螟蛾原來可能被某種天敵所克，現在變成天敵難敵，就導致蟲害暴發。

深圳福田紅樹林保護區是驗證范航清這一觀點最好的例子，這個保護區的白骨壤連續十三年遭受蟲害。中山大學昆蟲研究所的研究表明，為害這一保護區的害蟲共有七種。二十世紀九〇年代初，這些害蟲的天敵有三十七種，其中蜘蛛七種，個體數量眾多；到了一九九〇年代末，害蟲天敵只剩下十三種，蜘蛛五種，而且個體數量日漸稀少。

青年學者梁言順曾經在他的《低代價經濟增長論》中提到：經濟增長的代價問題是一個世界性難題。快速發展著的時代列車在奔馳向前時，要十分注意計算你是不是該用那麼多油，是不是該開得平穩些，是不是注意到了列車行進時的安全性。經濟建設不僅要安排好當前的發展，還要為子孫後代著想，解決好人口、資源、環境的關係。

互花米草制約了紅樹林的生長

　　紅樹林蟲災過去了，而關於紅樹林的沉重思考才剛剛開始。據了解，二〇〇四年春季，沿海幾百畝紅樹林遭遇蟲害，而這些蝦塘也因蝦病暴發全部絕收。

紅樹林的劫難 —— 互花米草入侵

　　中國林科院熱帶林業研究所紅樹林項目組首席專家鄭松發曾經這樣描述目前中國紅樹林面臨的現狀：一邊在保護，一邊被損毀，科研人員是在與時間賽跑。

二〇〇七年編制完成的《中國紅樹林國家報告》顯示，中國的紅樹林在歷史上曾達到二十五萬公頃，新中國成立時還有約五萬公頃，它們從南到北，分布在廣西、廣東、福建、浙江的沿海以及海南和港澳臺地區。但六十多年過去，紅樹林面積銳減為 22639 公頃。

　　為了保護日益稀少的紅樹林，在過去的十年間，中國先後建立了多個從國家級到縣級的紅樹林保護區，並制訂了十多種國家和地方法律法規。但即使如

2011 年，青山頭互花米草在「瘋長」

此，中國部分地區的紅樹林也沒能避免刀鋸之災。近年來，港口、城市房地產和工業用地占用的紅樹林地的面積在逐步增加……

與此同時，一些無心的錯誤也影響到紅樹林的生長，如外來物種的入侵。正確的引種會增加引種地區生物的多樣性，也會極大豐富人們的物質生活，而不適當的引種則會使得缺乏自然天敵的外來物種迅速繁殖，搶奪其他生物的生存空間，進而導致生態失衡及本地物種的減少和滅絕。由於缺乏全面綜合的風險評估制度，世界各國在引進優良品種的同時也引進了大量的有害生物，如被中國列為植物界「頭號殺手」的紫莖澤蘭以及為禍北海紅樹林的植物——互花米草。

互花米草隸屬禾本科、米草屬，是一種多年生草本植物，它起源於美洲大西洋沿岸和墨西哥灣，適宜生活於潮間帶。由於互花米草秸稈密集粗壯、地下根莖發達，能夠促進泥沙的快速沉降和淤積，因此二十世紀初許多國家為了保灘護堤、促淤造陸，先後加以引進。

一九七九年，互花米草由南京大學教授仲崇信等引入中國，旨在彌補先前引進的大米草植株較矮、產量低、不便收割等不足。試種成功後，廣泛推廣到廣東、福建、浙江、江蘇和山東等沿海灘塗上種植。

合浦縣於一九七九年引種互花米草，用於沿海護堤和改良土壤，同時作為飼料和造紙原料。互花米草在海岸生態系統中的確有著重要的生態功能，但是由於互花米草繁殖力強、根系發達、草籽可隨風四處飄揚、又缺少天敵，因此蔓延迅速，並在短時間內入侵新的環境並戰勝本地物種、破壞當地原有生態環境，對當地生物多樣性構成威脅。

二〇〇〇年後，這種與稻穀很相似的外來植物迅速侵蝕合浦縣山口紅樹林保護區，瘋長起來的互花米草侵占紅樹林邊緣地域和林間空隙地，造成互花米

草與紅樹林爭奪生存空間的嚴重問題。互花米草在紅樹林中連片生長，林地變成草地，呈現出明顯的「草進林退」趨勢。

紅樹林自然保護區英羅站站長龐富鵬為此感到深深的不安：僅僅不到五年時間，從丹兜港到永安港十多公里的保護區範圍內，鬱鬱蔥蔥的紅樹林周邊就擠滿了互花米草。在一些互花米草侵入的地方，紅樹林已經後退了三至四米。從一九七九年至今，互花米草的不斷擴散嚴重擠壓了紅樹林周邊生態空間，互花米草和紅樹林兩個植物種群競爭生存空間的態勢十分明顯。

互花米草的生態適應能力、繁殖能力、傳播能力都十分強悍，除了紅樹林，被其入侵的生態系統還有中國唯一的儒艮國家級自然保護區的海草床。

合浦縣沙田鎮近海，是儒艮的棲息地。

儒艮是中國僅有的兩種一級保護海洋哺乳動物之一（另一種是中華白海豚，天氣晴和的時候，北海當地人常常能看到中華白海豚在碧波間翩翩起舞的動人場景）。說起儒艮，或許有人不太知道，但它的雅號卻早已聲名遠颺。由於其哺乳時用前肢擁抱幼仔，頭部、胸部露出水面，宛如人在水中游泳，故有「美人魚」之稱。

儒艮的主要食物是近岸海域生長的海草，合浦縣沙田鎮擁有多年來一直為儒艮提供食物的海草場。然而，草場也被互花米草這種外來植物占據。

調查人員發現，這一保護區附近海域的淡水口草場，原來喜鹽草、二藥藻叢生，但現在這兩種草已經絕跡，僅餘互花米草。在全部七個草場中，至少有一個草場裡原生海草已經絕跡。

一個習慣於吃麵食的北方人初到南方的土地上生活，各種不適應可想而知，許多人一輩子都改不了自己的飲食習慣，由此才有了「一方水土養一方人」的地域文化。但一旦定居下來，適應了南方的氣候和飲食後，北方人就會

表現出比當地人更頑強的適應性。動植物界也是一樣。互花米草適應了北海的氣候環境之後，再加之缺少天敵，便本能地擠占紅樹林和海草的空間，這無疑會對保護區的生物多樣性構成威脅，破壞儒艮及中華白海豚等海洋生物賴以生存的環境，使沿海灘塗以及沙灘變成外來生物恣意擴張的根據地，使儒艮及魚、貝、蝦、蟹等生物失去棲息環境。由於互花米草具有耐鹽、耐淹、抗逆性強、分蘗率和繁殖力強的特點，自然擴散速度極快，已在不少海域氾濫成災。

為了減少互花米草這外來入侵物種的危害性，合浦縣採用了遮蓋、水淹或排水、挖根、碎根、火燒、收割等物理、化學和生物控制方法，得了一定成效，但其所造成的生態危害性已令人痛心疾首，損失巨大。

紅樹林的劫難 —— 極端天氣

「一年樹穀，十年樹木，百年樹人。」從某種角度來看，培育紅樹林和養育一個孩子也不無共通之處，天氣冷了暖了、濕了乾了，做父母的就會擔心自己的孩子，牽腸掛肚……來自氣候的變化同樣讓紅樹林的養育者不省心。

據了解，全球氣候變暖會改變紅樹林的生長區域範圍，使紅樹林向高緯度擴展。從好的一方面來看，生長範圍變大會讓紅樹林的種類更豐富，但不好的方面是不適應這種變化的種類將面臨生存困境。

經過調查，范航清博士發現，由於氣候變暖中國紅樹林分布已經北移了一個緯度。氣候變暖可以使紅樹林適應生存環境，向亞熱帶擴展，但在原來適宜紅樹林生長的灘塗，由於海平面抬升和海堤的阻隔，紅樹林的生存空間會隨之

減小。

中國紅樹林保育聯盟做的一份《中國紅樹林氣候變化報告》中也提到，如果中國沿海氣溫繼續升高 2℃，紅樹林的自然分布北界將從現在的福建省福鼎縣延至浙江省嵊縣附近，引種分布北界可達杭州灣，種類可增加二至六種。但是如果變暖難以遏制，赤道附近的紅樹林可能會「熱」得呼吸困難、生長受挫。

「熱」讓紅樹林難以消受，「冷」卻更加難解，何況還是暴寒、驟寒。

二〇〇八年，隨著春節腳步的臨近，一場突如其來的寒潮冰凍災害肆虐了中華大地。南方向來是溫煦冬陽，那一年卻迎來了嚴重低溫、寒潮陰雨天氣。

二〇〇八年十月，紅樹林氣候變化監測站掛牌儀式

這次罕見的低溫寒潮冰凍天氣使中國南方各省的農業、林業等蒙受巨大損失。據農業部統計，一場寒潮下來，多數森林都被毀壞，有數據顯示，這場冰凍災害甚至讓二十年前開始的植樹造林運動功虧一簣。

北海紅樹林也未能倖免於難，這場從一月中旬開始的持久的寒凍，將苗圃的種苗基本凍死。保護區的工作人員說，春節前後他們還沒發現紅樹林有變化，不料正月十五後，紅樹林大量落葉和枯死。每一次漲潮過後，很多樹木就變得光禿禿的，海邊堆積著十多釐米厚的樹葉。

從三月一日起，廣西紅樹林研究中心的研究人員分赴合浦等地調查紅樹林種苗受損情況。經調查發現，廣西沿海全海岸的紅樹林均受寒凍影響，主要種類白骨壤和紅海欖受害最為嚴重，幼苗基本死亡，十年齡的幼樹中九成以上受害；白骨壤成樹的葉子變黃發黑，形如火燒；另一個主要種類木欖的幼果全部脫落。廣西遭受嚴重寒害的天然紅樹林面積達 2013.6 公頃，占廣西紅樹林天然林總面積的 24％。另外，共有 777.9 公頃的人工紅樹林遭受嚴重寒害，占廣西人工紅樹林的 58％。這場災害導致廣西二〇〇八年紅樹林繁殖體嚴重虧缺，林區海洋生物多樣性明顯下降。范航清博士痛心地說，紅樹林主要品種紅海欖在廣西沿海地區的自然演替過程至少倒退了十年，其他紅樹植物也受到嚴重影響。

紅樹林的劫難 —— 環境壓力

二〇一四年一月，北海馮家江入海口灘塗上的紅樹林被綠色海藻侵襲，不少紅樹被一種叫滸苔的綠藻大面積覆蓋。據林業部門統計，該區域受滸苔暴發

影響的紅樹林面積達 2130 畝，其中 315 畝紅樹林受到滸苔的覆蓋、纏繞。

滸苔是海邊常見的綠藻之一，大量繁殖的滸苔會遮蔽陽光，死亡的滸苔也會消耗海水中的氧氣，滸苔分泌的化學物質還會對其他海洋生物造成不利影響，破壞海洋生態系統。此外，滸苔對紅樹林苗木容易造成機械傷害。海水退潮後，大量的滸苔纏繞在紅樹林的枝幹、樹杈、根部，增加潮水對苗木的衝擊力，導致苗木被水流沖走。

北海 365 資深網民「阿力」在一遍遍到現場觀察、踏勘後提出質疑，他指出受滸苔嚴重困擾的這片紅樹林位於陸基蝦塘的前沿，岸邊有排污口接入，排污口附近的紅樹林被淤泥覆蓋，散發著陣陣惡臭，邊上還有養鴨場，這樣的環境對於紅樹林無異於是「植物界的奧斯維辛」。那麼，滸苔的滋生是否是環境壓力造成的呢？

滸苔來襲幾天過後，廉州灣、馮家江等地約有四百餘株紅樹相繼死亡。放眼望去，北海海城區高德辦垌尾村委會草頭村與合浦縣廉州鎮煙樓村委會水兒村交界處連片的綠色屏障中，一片帶狀的黃色枯樹非常明顯。這裡屬於廉州灣海灘天然紅樹林區，總面積有 165 公頃，枯死的紅樹林共 329 株，呈帶狀分布，枯死的紅樹林品種均是白骨壤。經檢查，樹木枯死已有兩年，附近的漁民和村民甚至看到有樹齡超過百年的紅樹也逐漸死亡。此外，在馮家江大橋以東靠海一側也有紅樹死亡，呈帶狀分布，死亡的紅樹樹幹上有大小不一的孔洞。

「阿力」注意到，在死亡的紅樹樹幹的孔洞裡，出沒著密密麻麻的蟲子，他將發生蟲害的消息第一時間在網上披露。一時間，北海輿論一片嘩然。市民們紛紛追問，紅樹林到底為什麼面臨死亡威脅？

經廣西紅樹林研究中心專家分析認為，這是一種名為「團水蝨」的生物。為了覓食和尋求庇護所，「團水蝨」鑽入紅樹的氣生根、莖、枝內部，造成紅樹死亡。

「團水蝨」作為海洋蛀木生物，潛入紅樹林後會導致樹幹和主根千瘡百孔，並中斷植株的水分和營養供給，嚴重蟲害致死率近乎百分之百。經調查，受團水蝨、藤壺等生物影響致死的紅樹共三五二株。

紅樹林，人們心中的「樹堅強」，往往連颱風都吹不倒，但由於「韋氏團水蝨」的侵害，樹根上布滿蟲孔，脆弱地倒伏在泥水中。

「團水蝨」何以會盯上這片紅樹林？我們先看看北海的近鄰──海口市的一篇報導：

據《海口晚報》報導：2013 年 8 月，海南東寨港紅樹林生態系統遭到嚴

滸苔

蛀木團水蝨

重破壞。經調查，專家一致認為，東寨港紅樹林團水蝨的爆發，已對大量紅樹造成嚴重威脅。造成這種現象最主要的原因是，人類的生產經營活動造成紅樹林區水體高度富營養化，致使蟹類等團水蝨天敵不斷減少，危及紅樹林生態系統。

總結起來，便是：近海累積污染——林區濫捕濫挖和放養海鴨——生物多樣性下降——「團水蝨」爆發——紅樹林死亡。

究其根源，與海南東寨港情形相類似，北部灣海域紅樹林死亡事件同樣是因為近岸海域污染導致海水富營養化，為「團水蝨」和滸苔的出現提供了餌料

和營養，而蝦塘排污是禍因。

紅樹林生態系統是一個很脆弱的生態結構體系，並且正在不斷遭到人類活動的影響甚至破壞。紅樹林一旦被人們損毀之後，再恢復它是十分因難的。一旦這些樹木遭到較大面積損毀後，這一生態系統的基本結構就會隨之發生不可逆轉的變化。

實驗表明，紅樹的幼苗在蔭蔽的地方要比暴露在陽光下存活的機率大得多，大面積的紅樹林被破壞後，不是退化為裸地，就是被一些耐鹽植物所占據。這種逆向演替所形成的群落極大地削弱了紅樹林的生態功能。

紅樹林之冠　03章
——山口國家級紅樹林生態自然保護區

從海之角走向世界

　　當年，將范航清從千里之外的家鄉牽引到北海的是這裡的一片鬱鬱蔥蔥的紅樹林。位於北海合浦縣東南部沙田半島東西兩側、距北海市區 115 公里處，有一片面積達 806 公頃、茂密開闊的綠色世界，它就是山口國家級紅樹林自然保護區。從某種角度來說，范航清是看著這片紅樹林一步步從海之一隅走向世界的。

　　保護區海岸線總長五十公里，總面積八十平方公里，其中陸域和海域各四十平方公里。保護區由該半島東側和西側的海域、陸域及全部灘塗組成。東側是火山灰發育的土壤，灘塗淤泥肥沃，紅樹林生長特別茂盛。西岸灘塗全為淤泥質，適宜紅樹林生長。而且保護區所處地理位置光熱條件較好，冬季低溫影響小，海灣侵入內陸，封閉性好，風浪、潮汐、餘流的作用較弱，岸灘比較穩定，海水污染程度很低，水質潔淨，是紅樹林大面積分布和生存的理想區域。

　　保護區內有中國大陸海岸中發育最全、連片面積最大、保護最完整的紅海欖林，擁有十五種紅樹植物。這裡的紅樹林特別是連片的紅海欖純林在中國極為罕見，十分寶貴，高大筆直的木欖林也是廣西沿海所僅有。

　　保護區內已知有擬蟹守螺、招潮蟹、相手蟹、鼓蝦等多種海洋動物，潮起潮落，紅樹林的灘塗上滿滿的是可愛的爬行動物。紅樹林外近岸水域是國家一級保護動物儒艮棲息的好場所，也是白鷺等許多海鳥的棲居地。在紅樹林保護區域既可以觀賞到跳跳魚上大樹，也可以看見海蛇馳舞林中的生動景象。

　　據統計，這裡有浮游植物 96 種、底棲矽藻 158 種、魚 82 種、貝 90 種、蝦蟹 61 種、鳥類 118 種、昆蟲 258 種、其他動物 26 種，保護區紅樹林生態系

紅樹林品種之一——紅海欖

統的生物多樣性非常高，已記錄的有屬於二十門的一九五六種海洋生物，構成了良好的生態系統。

　　林繁葉茂的紅樹林不僅為海洋生物和鳥類提供了一個理想的棲息環境，而且以其大量的凋落物為之提供了豐富的食物來源，從而形成並維持著一個食物鏈關係複雜的高生產力生態系統。可以說，紅樹林生態系統是世界上最富多樣性、生產力最高的海洋生態系統之一。

這片紅樹林，長期處於「養在深閨人未識」的狀態，吟風邀月，自得其樂。直到一九九〇年，隨著北海進一步對外開放的步伐加快，偏安海角的紅樹林才逐漸進入決策者們的視線範圍。當年九月，北海山口紅樹林生態自然保護區經國務院批准建立，它是國務院當年批准建立的第一批五個國家級海洋類型自然保護區之一，也成為中國最早的國家級海洋類型自然保護區。

建立保護區以來，山口爭取到國家資金建成一幢面積九四〇平米集科研、

紅樹林景區內白骨壤介紹文字

辦公、旅遊於一體的綜合樓，實現了保護區四通，配備交通通訊工具，建了苗圃、實驗室、標本展覽館和一八〇平方米科普教育中心，完成了保護區界定標立。

根據自然保護區劃分原則，山口國家級紅樹林生態自然保護區被劃分成三個功能區：核心區（824 平方百米）、緩衝區（3576 平方百米）和過渡區（3600平方百米），並實行不同的管理要求。

位於沙田半島東側的英羅港核心區，紅樹林群落高大、林冠整齊、潮間發達、生境原生、類型多樣、海洋動物多樣性豐富。該區實行封閉管理，嚴禁毀林開發。核心區外圍的緩衝區區域內底棲動物十分豐富，可以在這裡進行恢復造林，海水養殖試驗和可持續利用研究。比如採取輪作方式從事灘塗漁業、在旅遊區開展生態旅遊等營利活動等。遠遠望去，林中棧道、浮橋隱入林中，觀鳥亭、瞭望塔高高聳立，饒有風味。緩衝區外圍是過渡區。

一九九三年，山口紅樹林保護區加入中國人與生物圈（MAB）網絡。

一九九四年，山口紅樹林生態自然保護區成為中國重要保護濕地。

一九九七年，山口紅樹林生態自然保護區加入中國人與生物圈保護區（CBR）網絡。

一九九七年五月，山口與美國佛羅里達州魯克利灣國家河口研究保護區建立了姐妹區關係，議定了水質監測技術、紅樹林生態養殖、生態旅遊、紅樹林資源恢復四個合作項目。

二〇〇〇年，聯合國教科文組織批准將山口紅樹林生態自然保護區納入世界人與生物圈保護區網絡（MAB）。十一月二十三日上午，合浦縣舉行了聯合國教科文組織山口紅樹林生物圈保護區頒證授牌儀式。

根據規定，該網絡保護成員須每十年評估一次，並將評估報告遞交聯合國

紅樹林濕地

二〇一〇年七月，許智宏蒞臨山口紅樹林現場指導

教科文組織人與生物圈計劃國際協調會，重新審定成員資格。

二〇〇二年，山口紅樹林生態自然保護區列為國際重要濕地公約，成為 Ramsar 濕地公約成員之一。

二〇〇六年，山口紅樹林成為 UNDP/GEF—SOA 中國南部沿海生物多樣性管理項目（SCCBD）示範區。

二〇一〇年七月二十三日，山口紅樹林國家級生態自然保護區通過加入世界人與生物圈保護區網絡十週年評估。評估認為，加入世界人與生物圈保護區網絡組織十年來，這個廣西最大的紅樹林保護區天然面積擴大了百分之十二，對保護廣西海洋生態環境產生巨大影響。

擔任評估專家組團長的是中國人與生物圈國家委員會主席、原北京大學校長許智宏院士。他認為，自一九九三年保護區建立以來，紅樹林面積逐年增

加，至二○○八年紅樹林面積達 818.8 公頃，比建區時的 730 公頃增加 12%，為保護廣西海洋生態環境、生物多樣性、周邊居民生命財產安全以及經濟發展發揮了重要作用。

和諧共生

山口國家級紅樹林生態自然保護區核心區所在地——山口鎮永安村是一個頗有歷史淵源的村莊。據史料記載，明（1368-1644）初倭寇常侵擾中國東南沿海，明萬曆四年（1576），朝廷為防禦倭寇，在永安建立了「千戶守禦所」，並在城中央建造大士閣以便於防守瞭望。

大士閣是中國古代沿海地區抵禦外來侵略的重要哨防之一，俗稱「四牌樓」，是永安城中的佛教建築，因為供奉著觀音大士，故而得名。

全閣梁柱均為榫卯連接，無一釘一鐵。所有屋脊、飛簷和封簷板等處，均雕塑或繪有栩栩如生的神話人物、麟龍鶴鳳、飛禽走獸和奇花異草，極為壯觀豔麗。整個建築布局合理、協調、組成一個優美穩固的統一體，在建築手法上保留了宋、元時期的遺風，是研究南方古建築的重要實物資料。據志書記載，自明代至清代，合浦地區曾多次遭風暴襲擊和地震搖撼，附近幾里內廬舍倒塌，唯獨大士閣巋然屹立。

歷史的厚重、自然的靈動、大士閣的古樸厚重、紅樹林的蒼翠鮮活構成了山口鎮別樣的自然、人文景觀和豐富的旅遊資源。

在山口鎮大士閣的這座「軍事基地」的周邊，留有紅樹林和當地百姓相依

相存的印記。當時，廣東、福建沿海一帶的漁民不堪倭寇襲擾，一路避難到廣東廣西交界處的山口。見這裡紅樹林鬱鬱蔥蔥，物產阜富，如遇敵人來襲，大家躲藏在茂林深處，潮水漲了，敵人沒有大船進不來，潮水退去，枝繁葉茂天然是一個植物掩體。再加上山口氣候溫潤，和廣東、福建沿海頗為相似，逃難的人群首領心念一動，和大家商議之後，決定留下來，在這裡開始新的生活。

感念於紅樹林所提供的安全而富足的生活環境，留下來的異鄉客們自發成立了保護紅樹林的組織，並將這一習慣一直延伸了一代又一代。很多上了年紀的老人還清楚地記得，直到解放前，山口、沙田鎮上的村民都不許砍伐紅樹林，當時，國民政府沒有充裕的資金養護，當地百姓每年每戶提供六十斤稻穀，每村僱請二名護林員。

直到上個世紀五〇年代大煉鋼鐵，大量紅樹林被砍伐作薪柴，這一淳樸而悠久的護林傳統才中斷。但絕大部分鄉民是聽著祖輩關於紅樹林的故事長大，對這片林子有著特別的敬畏，這也使得他們在成立保護區之後，自覺和保護區的管理人員站在了一起。

一九九三年十月，山口國家級紅樹林生態自然保護區管理處成立，為副縣（處）級事業單位。管理人員十六名，其中專業技術人員占到了百分之六十七。為加強林區保護工作，管理處還從當地鄉村中選聘請十名村幹部、復退軍人為護林員，架構起護林網絡。

保護區管理處下設辦公室、業務科、資源保護科、英羅管理站和沙田管理站等職能部門。中國國家海洋局是保護區的主管部門，廣西壯族自治區海洋局受國家海洋局委託對保護區業務工作進行指導和管理，技術依託單位為廣西紅樹林研究中心。二〇〇一年前行政上由廣西壯族自治區海洋局與合浦縣人民政府雙重領導，保護區的建設管理經費由國家與地方政府共同籌集。二〇〇一年六月廣西壯族自治區機構改革後，廣西壯族自治區編委會同意將保護區列為廣

西壯族自治區國土資源廳直屬副處級事業單位，受國土資源廳領導。保護區的建設管理經費納入廣西壯族自治區級財政預算，全額撥款，由廣西財政廳劃撥和管理，國家海洋局仍給予適當的支持。保護區管理處下設一室兩科兩站一區，其中英羅站與旅遊區實行兩塊牌子一套人馬。

　　保護區管理處成立之後，先後有多位國家領導人和國家海洋局領導以及聯合國教科文組織官員何貝爾、中國人與生物圈國家委員會秘書長韓念勇和王丁

馮家江紅樹林

以及眾多的專家學者來現場考察、訪問。他們的到來表現出國家、自治區及市政府對紅樹林的重視，也提升了紅樹林在當地的「威望值」。

保護區建立後，當地群眾原有生產生活方式也發生了相應的變化。保護區管理處深入鄉鎮和沿海村莊，採取發文件、出牆報、寫標語、掛橫額、貼廣告、和村幹部舉行座談會等多種形式宣傳有關法律法規，擴大社會對保護區的了解。與此同時，保護區事業的不斷發展也給周圍的村莊和群眾帶來了許多看得見、摸得著的好處。建區後，保護區周邊五個村委會二萬多群眾借用保護區的十千伏高壓線路用上了電，結束了世代無電的歷史；山口鎮新圩至英羅站保護區十九公里柏油公路的修通，解決了沿途四千多名群眾行路難的問題。

燈亮了，群眾的心也亮起來；路通了，群眾的心氣也通了。

保護區生態旅遊業的發展和基礎設施的改善帶動了山口個體客運業及個體物流業等相關產業的發展。目前，僅運行於山口鎮至英羅站的客貨兩用車就超過六十輛，客運摩托車近百輛。

山口保護區自然生態環境別具特色、綠意盎然，作為「北海市科普教育基地」「廣西科普教育基地」，遊客在這裡能直接、感性地獲得關於生態系統、海岸地貌、海洋生物等方面的科學知識，每年遊客數量已達四萬人左右。

紅樹林已經不再只是一種植物，而是被演化成為一個品牌、一份榮譽，比如紅樹林鴨蛋、欖錢、蟹醬、紅樹林礦泉水、蜂蜜以及紅樹林生態旅遊、紅樹林休閒度假、紅樹林餐館等。

如今，打著紅樹林旗號的餐館從鄉村到城市已不鮮見，「欖錢（白骨壤果實）燜車螺（文蛤）」更是廣西沿海居民請客吃飯時待客的招牌菜之一，紅樹林鴨蛋成為廣西沿海城市超市中的熱銷產品。紅樹林生態旅遊方興未艾，紅樹林礦泉水市場日漸擴大，紅樹林餐館四處落地開花。

在綠色和健康成為時尚的社會風尚中，作為環境良好的標誌，紅樹林品牌逐漸為公眾所認知。目前，紅樹林品牌產品因其綠色品質成為了市場上受歡迎的產品，享有較高價格。而這無疑為周邊居民拓寬紅樹林利用和開發創造了文化氛圍和市場環境。

紅樹林品牌產品的出現，是伴隨著紅樹林的公眾認知不斷提高而產生的商業現象，也體現了紅樹林居民的傳統生產智慧和技能以及順應和把握市場的應變能力。

除了紅樹林品牌帶來的經濟效益外，紅樹林保護區更是有效地發揮了防風消浪、固岸防堤、保護人民生命財產的作用。

一九九六年九月十五日，強颱風正面襲擊英羅港。停泊在林區外的五十多艘漁船頃刻被颱風暴潮打翻，二十二人慘遭不幸，而停泊在林區潮溝內的另外三十多艘漁船和船員卻安然無恙，就因為有英羅港這片紅樹林而避免了一千六百多萬元的財產損失。

二〇〇八年八月十四日，第 0814 號熱帶風暴「黑格比」影響北部灣地區，九月二十四日至二十五日北部灣北部海面普降大暴雨，北風轉南風 9 至 10 級，陣風 11 至 12 級，北部灣北部沿海出現了 4 至 6 米的巨浪，廣西區沿海出現了 80 至 130 釐米的風暴潮增水，對沿海地區經濟發展和人民的生命財產造成了威脅。受強颱風影響，山口保護區遭遇 12 級左右的西南大風，掀起的風暴潮造成保護區浮橋被撞斷，並被海浪掀起拋到茂密的紅樹林樹冠頂。海潮上漲超過歷史最高水位 0.6 米左右。英羅海堤被海水漫過，堤內二千畝農田被淹，成為一片汪洋。所幸在該次颱風中，山口紅樹林保護區僅英羅林區一千三百畝的紅樹林中就安全駛進大小漁船一千餘艘，安全轉移漁民近三千人，初步估算，直接保護漁民財產超過二千萬元。

這些事實讓百姓頗為震撼。鄰近的白沙鎮那譚村委主動發動群眾，自覺種植紅樹林三十多公頃，以保護該村的蝦蟹養殖場。在鄉村保護組的積極配合和保護區嚴格執法的有效管理下，保護區範圍內拉網捕鳥的行為已基本杜絕。

沿海而居的村民，歷來與海洋資源有著千絲萬縷的連繫，不論是主動或被動，都注定了海洋資源的管理必然不能脫離他們而獨立存在。群眾參與保護區的活動，保護區保護群眾的生命財產安全，與海為鄰、和諧共生，才能久久長長。

守護家園

在法國導演雅克·貝漢拍攝的影片《遷徙的鳥》中，我們可以感受到候鳥遷徙的異常艱辛。要克服長途飛行的辛勞，要克服大自然嚴峻的挑戰，更要克服人類貪婪的捕獵。南遷北移中，所有的困難都要逐一克服與面對，最終找到出路，活出精彩。

秋風乍起，北雁南飛，又到了鳥兒遷徙的季節。每年進入九月中旬，山口國家級紅樹林生態自然保護區就會迎來南遷的候鳥。守護在保護區五十三公里海岸線上的環保衛士──中國海監山口保護區支隊的海監執法人員，也迎來了一年中最忙碌的護鳥季。

山口紅樹林保護區是候鳥南遷途中一個重要的停歇點。根據保護區跟蹤監測的結果顯示，山口紅樹林區已記錄到鳥類 118 種，分屬 12 目 36 科，其中冬候鳥有 48 種，占保護區鳥類總體數的 40.7%。在這些候鳥當中，不乏一些珍

鷺鳥翔集

貴的鳥類，比如世界瀕危鳥類黑臉琵鷺也會選擇山口紅樹林保護區作為它們遷徙途中的必經停歇點。

危害山口紅樹林區內鳥類生存的因素很多，包括人類偷獵濫捕、趕海、圍海造地或搞養殖等，這些無度的牧海活動產生的有機污染和噪聲污染會給從「北國來客」帶來傷害。

每年為期兩個月的時間裡，海監執法人員會重點對分布在保護區五十三公里海岸線上的 818.8 公頃紅樹林，特別是丹兜、沙田、英羅等紅樹林區實行海陸交叉巡查，防範、打擊違法人員掛設鳥網捕鳥的行徑。

規之以法，還要曉之以理，海監執法人員通過走村入戶做好愛鳥護鳥的公眾宣傳，逐步幫助村民樹立環保意識，共同保護人類這個會飛翔的朋友，護鳥

愛鳥的環保理念也越來越深入人心。

護鳥、護林、護海，山口紅樹林保護區管理處守望著這片綠樹碧海。

英羅管理站是管理處唯一設在紅樹林分布所在地的管理站，全站僅有五名專職管理員和六名聘任管理員，卻要守望著沙田半島東西兩側長達五十公里海岸線內八百公頃的紅樹林。人少、事多，管理員壓力大。

一九九九年春季，英羅管理站接到群眾反映，海塘村村民何某請來挖掘機，打算推掉紅樹林開挖蝦塘。站長龐富鵬聞訊，火速帶領管理員謝健一起趕到現場。

龐富鵬一遍遍講述有關保護紅樹林的法律法規和紅樹林的重要性，利慾薰

心的何某卻絲毫不為所動，堅持要毀林挖塘。龐富鵬急了，站在挖掘機前，怒目而視。見龐站長態度堅決，何某慌了神，轉而低聲下氣百般央求，甚至找來熟人為自己說情，龐站長斷然拒絕。見管理人員軟硬不吃，何某嚥不下這口氣，決定給龐富鵬一點「顏色」瞧瞧。當天晚上，暮色四合，何某糾集了數名社會青年，拎著土槍和錘子、斧子，衝到龐富鵬宿舍，撬鎖掀窗砸家什。守在家裡的龐富鵬的妻子和女兒嚇得手足無措，嚎啕大哭。何某撒野後，惡狠狠威脅：「給不給挖塘？你叫龐富鵬自己看著辦！」勞累了一天的龐站長回家後，妻子又驚又恐，含淚望著老龐：「這夥人惹不起，怎麼辦呢！」龐富鵬義憤填膺，何某的暴行沒有嚇唬倒他，反而讓他更加堅定了護林的信念。他一邊安慰受驚嚇的家人，一邊向保護區管理處領導詳細匯報了事件經過。

事件引起了合浦縣政府、山口鎮政府及山口邊防派出所的高度重視，相關部門迅速派人趕到何某家，及時處理了這起暴力威脅事件。

紅樹林保護區管理員沒有高端的裝備，有的只是自購的摩托車、望遠鏡以及高度的責任意識、犀利的雙眼和長於負重的腿腳。巡邏、守望、追蹤、堵截，紅樹林就是他們永不停戰的陣地。

一九九九年三月，英羅管理站接到群眾舉報，永安村村民鄒某、林某等人意欲毀林挖塘養蝦，挖掘機等工具和水泥、磚頭等材料就堆放在紅樹林裡。

收到舉報後，保護區管理處處長陳光華立即從合浦縣城趕來，英羅管理站、山口鎮政府、山口邊防派出所等管理和執法人員也迅速趕到現場，不法分子被刑事拘留，又一起毀林事件被及時制止。

在與不法分子做鬥爭的時候，管理人員常常要鬥智鬥勇鬥韌勁。

某年初夏，村民莫某想在大村海面毀林挖塘，但他相當狡猾，不敢光天化日之下行動，卻改在半夜三更做這些違法勾當。管理站人員聞訊後，全體出

瀾洲島濕地生態環境慢慢恢復

動，頂著夜色，徒步走到附近海埂邊潛伏。北海海邊又悶熱又潮濕，群群大蚊子嗡嗡叫著飛來飛去，叮咬著埋伏的人。管理員一直堅守著，卻沒有見到一點動靜。人困馬乏的他們回到站裡已是凌晨五時多，正準備歇息，卻傳來不法分子剛開始動工的消息。不法人員試圖玩游擊戰，不料管理員卻如天兵天將一般再次出現，及時制止了莫某的行為。

毀林事件被制止，紅樹林安然無恙地在潮起潮落間迎風招展，這就是對管理員們最大的褒獎。為「防患於未然」，英羅管理站堅持每天有管理員在岸上瞭望，每星期進行兩至三次區域巡邏，每年進行兩次全線巡視。保護區內紅樹林密密麻麻盤根錯節，人只能小心翼翼踏過泥濘，步履沉重。每次東線西線巡邏完畢，起碼要兩天時間。

除了與那些強行毀林占地的惡行進行長期有效的監管，保護區管理處的領導還要與各種誘惑做鬥爭。

紅樹林的生態價值毋庸置疑，而它的經濟價值也被不少投資者看在眼裡。北海先後成為「中國優秀旅遊城市」「中國歷史文化名城」「冬季度假勝地」……，銀灘被譽為「天下第一灘」，潿洲島獲評「中國最美十大海島」，排名第二，奪冠的是西沙群島——從某種角度說，西沙幾乎不可能成為旅遊目的地了。北海打出的旅遊品牌是「海、灘（銀灘）、島（潿洲島）、湖（星島湖）、山（冠頭嶺）、林（紅樹林）」，位於馮家江的紅樹林濕地公園被正式開發經營，而規模更大，旅遊資源更為豐富的當屬山口紅樹林。

有來自廣東、雲南的老闆先後找上門，請吃飯，請唱歌，想要在紅樹林區域內搞開發，比如經營溫泉等。看過資料，管理處的領導幾乎都在第一時間否決了對方的提議——決無可能同意在紅樹林的核心區域搞經營，哪怕再有「錢途」，毀林的罪過也不可能由自己肇始。投資商退而求其次，只能另起爐灶考慮在安全區選址，重做可研。

其實，不僅僅是客商動著投資旅遊的心思，就連管理處的人們自己也常常望著這片海，這片林糾結不已。

在保護區核心區域，就有一處值得一提的歷史遺存。西元一一○○年，一葉扁舟，一個垂暮之年，剛剛經歷了喪子之痛的老者，在一望無際的大海中穿行了幾天幾夜，「心如已灰之木，身似不繫之舟」，宋代文豪蘇軾從被貶謫的海南儋州北歸，在紅樹林核心區——山口永安登陸上岸。

從永安再到廉州，詩人得到了當地文人、官員的厚待。他曾經在合浦小住，留下詩詞若干篇。望著合浦一波未平，一波又起的海潮，詩人的如潮心海裡湧出磅　豪邁的四個字「萬里瞻天」，翌年，詩人辭世。當地人臨摹其手跡題在合浦縣城西南的海角亭上，至今仍保留完好。

這裡不僅僅是蘇軾蒞臨北海上岸處，往前還可以追溯到漢代。北海又稱「珠城」，而合浦是世界聞名的南珠之鄉，有文字記載的「珠還合浦」故事至今已相傳近二千年。明代學者曲大均在《廣東新語》中首次將合浦珍珠稱為南珠，並寫到：合浦珠明曰南珠，其出西洋者曰西珠，出東洋者曰東珠。東珠豆青色白，其管光潤不如西珠，西珠又不如南珠。合浦南珠以其優越的品質，成為歷朝歷代供奉皇家的珍品，尋常百姓賴以為生的依靠，南珠的輝煌從秦代開始延續了兩千多年。

合浦古有七大珠池：平江、青嬰、楊梅、烏坭、斷網、永安、白龍，烏坭池則是合浦古珠池中，唯一一個存名存址至今的千年古珠池。烏坭古珠池因其位於合浦山口鎮烏坭島而得名，是中國南方七大古珠池之一，也是目前保持最為完整的中國南方古珠池，面積達五千多畝。這裡自然環境獨特，是合浦南珠最理想的生長環境之一。紅樹林擁有天然屏障和豐富的資源，這裡餌料豐富，風平浪靜，滋養了烏坭、永安等珠池，讓南珠之光千年生輝。

而在民間傳說裡，山口所涵蓋的旅遊題材就更豐富了。有傳說山口正因為處於「火山口」而有此命名，而在火山口下，一般都蘊藏著豐富的地熱資源，正可以用來開發時尚健康的溫泉療養。

大士閣、古珠池、蘇軾來北海登岸處、一望無際的天然紅樹林、溫泉……這裡有太多的亮點可供挖掘。管理者們未嘗不動心。但一個現實問題擺在面前：在這片海域搞開發，搞旅遊，勢必帶來砍伐紅樹林占地搞基建，而大批基建材料的運輸堆放，遊客大量湧入，紅樹林生態系統能承受多大的容量？山口國家級紅樹林保護區和一般的紅樹林風景區畢竟有區別，「生態」是他們首要考慮的問題，特別是在保護區的核心區域。

深思熟慮之後，管理處的領導們默默放棄了規模經營，大搞開發建設的想法，也許堅守，才是他們對這片土地、這片海域、這片樹林最深沉的責任和愛。

護林員的心願

二〇一四年一月十二日晚上，央視《走遍中國》欄目播出了節目《北海——紅樹林：家園的守護者》，山口紅樹林保護區的護林員莫積瑞作為特邀嘉賓，走上了央視的演播臺前。作為一名普普通通的護林員，莫積瑞和紅樹林有著不解之緣。

莫積瑞今年六十五歲，曾經是山口鎮北界村委會大村自然村的老漁民。一九九六年九月，一場風力超過十二級的龍捲風橫掃英羅港。讓莫積瑞等漁民驚

訝的是，大風前就躲在海面附近紅樹林內的漁船和紅樹林後的上千畝良田卻安然無恙。而海塘村等沒有紅樹林的地方，上百畝農田被毀。紅樹林，成了生命財產的庇護所。

從那以後，老莫就不再出海捕魚而是一門心思地守護在紅樹林生長區。巡護、管理、防蟲害，他滿腿淤泥，每天要走四五十公里，雙腳踏遍了保護區的紅樹林。

善於動腦筋的老莫又先後斥資添置了十多條遊船，既保障了生活來源，又成了保護區內開發與保護結合實驗的先行者。

讓廣西紅樹林研究中心副主任周浩郎記憶深刻的是，老莫是個環保的有心人。起初老莫購買的遊船是普通馬達機動船，燒柴油，船在紅樹林裡穿行，被裸露的根系阻擋，有時難免漏油，再者聲音太大，會驚擾鳥類。後來老莫主動把普通機動船換成低噪機動小艇，船在林中慢慢行，既環保，又另有情趣。周浩郎感慨：老莫的確是把自己當成紅樹林的主人，才會這麼用心做好每個細節。

每逢遊客坐上他的船，莫積瑞便成了保護紅樹林的義務宣傳員。他詳細地講解紅樹林的珍貴價值和保護的重要性，制止個別遊客亂折紅樹林的行為。只不過，「半路出家」的他往往會被遊客千奇百怪的問題問倒。

有遊客問他：

「紅樹林明明是一片綠色，為什麼偏叫紅樹林呢？」

「生長在淤泥和海水中，為什麼紅樹林不會死呢？」

……

老莫答不出，十分尷尬，他下決心給自己補上紅樹林的「課程」。莫積瑞

買來多本紅樹林的專著，一有空就讀，遇上來保護區的科研人員，他把遊客的問題記在紙上追著專家詢問。如今，對保護區內的紅樹林特點老莫已能如數家珍。

旅遊淡季或空閒的時候，莫積瑞開始用心學習紅樹林培育技術。他常常花上一兩天的時間，開船穿梭在紅樹林枝柯間細心地採集樹種，再把它們種到空白的灘塗上。僅一九九六年，莫積瑞就在紅樹林比較稀少的區域，種下了三千多棵小樹苗。可是紅樹林是個嬌貴的胎生植物，不僅生長緩慢，而且對生長環境有嚴格的要求。二○○八年一場極端凍災，百分之九十的樹苗都被凍死了。

莫積瑞心裡難受極了，三千多棵小苗，一個個胚胎果實從樹上小心翼翼採摘，認認真真種植在灘塗上，卻幾乎前功盡棄。

好在還剩有三百多棵樹苗，這點點綠色給了莫積瑞些許安慰，他更加精心地侍弄著這些小生命。轉眼六年過去了，當年種下的小苗已經長成了小樹，老莫十分開心。

有個細節很有意思：《走遍中國》欄目錄制完畢之後，主持人問護林員莫積瑞接下來在北京做什麼，有什麼心願？老莫憨厚地笑了笑，神往地說：想去天安門廣場，看看祖國的大好河山。主持人愣了愣，樂了。她告訴老莫，天安門廣場上看不到「大好河山」。

就是這樣一個本分樸實、沒有多少見識、沒怎麼出過遠門的護林員，卻有著不遜於白領菁英們的環保意識，這不能不令人感佩於心。對莫積瑞來說，紅樹林不僅是他的家，也是他的公園。

閒暇的時候，老莫喜歡來到林中，看鳥兒翱翔，看小動物們嬉戲，這讓他的心情特別快樂，煩惱也全部忘卻。漫長的冬天，紅樹林裡會有許多北方的「客人」在這裡過冬，春暖花開的時候，它們會在紅樹林裡面繁衍後代，帶來

山口紅樹林保護區護林員莫積瑞在巡邏中

無限生機。

　　莫積瑞常常說：「只要我沒死，我就會繼續留在這裡，天天看著這片林子。」

　　保護區成立後，廣西壯族自治區人民政府頒布了《山口紅樹林生態自然保護區管理辦法》，合浦縣人民政府發布了《關於加強國家級山口紅樹林生態自然保護區管理的通告》，這些法規與《中華人民共和國自然保護區條例》及《海洋自然保護區管理辦法》一起為依法管理保護區提供了法律依據。

　　通過實施有效的保護和管理，保護區整治並剎住了區內出現的個別砍伐紅

紅樹林造林綠化

樹林和大規模采捕林區海洋經濟動物現象，抑制住了東西兩條開發養殖帶的盲
目擴展，有效地保護了紅樹林資源，促進了紅樹林的良性發育，全線呈現出良
好的林相。建區以來，保護區的紅樹林自然增長面積達百分之十以上。

紅樹林景區

拯救紅樹林 04章

科研的武器 —— 廣西紅樹林研究中心

二〇〇八年，舉世矚目的奧運會火炬傳遞到廣西段。圍觀的市民揮舞五星紅旗，數著節拍齊喊：「中國加油！北京加油！」火炬手跑過後，不少市民還戀戀不捨地追著跑，傳遞現場圍滿了熱血沸騰、振臂歡呼的觀眾。

在激動奔跑的人群中，就有來自廣西紅樹林研究中心的火炬手閻冰博士。作為一名科技工作者，閻冰博士治學態度嚴謹，多次獲得國家和廣西科技進步獎。

火炬在熊熊熊燃燒，「廣西紅樹林研究中心」這家科研機構和火炬一起點亮了人們關注的目光。

上個世紀八〇年代，人們常常是用對立、矛盾的目光來看待經濟發展與環境保護二者的關係。在「經濟發展與環境保護」的爭奪戰中，發生了一件對紅樹林研究來說極其重要的事。為加強廣西海洋科學的綜合性研究和服務能力，並針對廣西海洋的資源特色，廣西壯族自治區人民政府將廣西紅樹林研究中心定為正處級事業單位，同時增掛「廣西海洋環境與濱海濕地研究中心」的牌子。為更好地保護廣西的海洋環境與濱海濕地，經廣西壯族自治區編制委員會批准，廣西紅樹林研究中心二〇〇一年起成為獨立的事業法人單位，編制三十二人，直屬廣西科學院。中心掛牌沒多久就與廣西林業勘測設計院簽訂協議。廣西林業勘測設計院使用遙感等先進技術，建立中國紅樹林地理信息系統，為有效保護紅樹林提供最新數據。

從此，中國南海一支不可忽視的海洋研究和學術交流隊伍，為廣西北部灣海洋經濟的可持續發展培養有理論基礎和豐富實戰經驗的科技先鋒在這裡起

飛。

廣西紅樹林研究中心以紅樹林、海草、珊瑚礁、鹽沼和濱海植被為主要研究對象，專注各系統的結構功能，探索合理利用模式，建立生態監測與管理 GIS 系統，為北部灣海洋環境保護恢復與管理提供了科技保障。

紅樹林研究是中心的骨幹學科，中心同時也是聯合國環境署全球環境基金中國紅樹林執行機構（2002-2008），積極參與全球計劃和全區計劃，致力於研究與開發國際上關注的熱點即典型

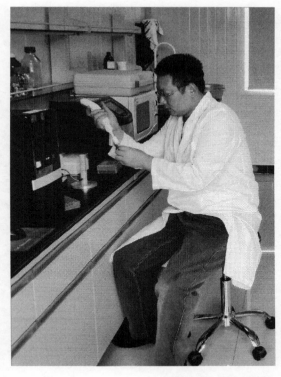

紅樹林中心研究員闔冰

海洋生態系統問題（紅樹林、珊瑚礁、海草等），並建立退化濱海濕地結構的理論和技術體系，推動沿海鹽鹼地和毀棄蝦塘的生產力恢復等。

對於范航清來說，中心完成獨立法人手續的二〇〇二年，距離他到北海已經十一年。十年磨一劍，辛苦不尋常。雖然他是搞基礎研究工作，但他並不想做書呆子。

二〇〇一年六月，為確保海洋經濟的可持續發展，聯合國環境規劃署（UNEP）組織了由全球環境基金（GEF）資助、南中國海周邊七個國家共同參加的「扭轉南中國海及泰國灣環境退化趨勢」國際合作項目。這個項目由探

廣西紅樹林研究中心在進行紅樹林監測調查

究紅樹林、海草、濕地、污染四方面活動組成，每一活動設一位國家首席專家，以投標方式產生，紅樹林為其中最重要的活動。范航清在這一項目的激烈競爭中勝出，中標成為「UNEP/GEF 紅樹林國家活動首席專家」，這是廣西科技人員首次獨立中標國際項目。

多年沉浸於紅樹林研究的范航清由此被業內同行暱稱為「紅學家」。在范航清領銜指揮下，「廣西紅樹林研究中心」在紅樹林研究的部分領域居於全國領先地位。

二〇〇五年，范博士啟動廣西北部灣海草生物量和光合作用的研究，代表中國參加聯合國「質量經濟」會議並做「濱海濕地與海岸生態安全」的報告。

二〇〇六年，中心在聯合國環境規劃署與全球環境基金發起的「中國南部沿海生物多樣性管理」六個子項目中競爭中標，當年六月，中心開始執行UNDP/GEF/SOA/中國南部沿海生物多樣性管理項目——廣西示範區項目。

二〇〇七年，中心與日本及全球環境基金合作，開始了毀棄蝦塘紅樹林和退化生態環境海草床恢復工程的示範研究，並在聯合國環境規劃署、全球環境基金的支持下，與林業部門成功舉辦首屆「中國紅樹林濕地論壇」，通過了論壇的「北海宣言」。

二〇〇九年三月，廣西紅樹林蟲害防治研究取得新進展，承擔課題研究的廣西紅樹林研究中心在國內首次建立了紅樹林害蟲時空數據庫，該數據庫掌握了蟲害的分布、地點、爆發程度等數據，相當於一個「病因庫」，為今後研究防治蟲害打下了很好的基礎。

建「病因庫」的動力始於一場蟲災。二〇〇四年五月，山口國家級紅樹林自然保護區爆發了四十年來最嚴重的病蟲害，一週內原本受災的四十公頃白骨壤迅速變黃枯萎擴大至一〇六公頃，蟲害還蔓延至北海、防城港、欽州等地的紅樹林，給紅樹林生長造成了相當大的影響。二〇〇八年，蟲害再次發生，幾乎波及廣西所有的白骨壤分布區，發生程度較二〇〇四年更為嚴重，多處白骨壤群落無一存活。

科研人員通過全岸線普查、固定點觀測、室內試驗、實地防治應用檢驗等方法，對紅樹林主要害蟲種類、形態、生活史、生物學特性等方面進行了廣泛深入地研究，基本掌握了廣西紅樹林主要蟲害及其天敵的生物學和生態學特徵，並在國內首次建立了紅樹林害蟲時空數據庫，首次分析了植食性昆蟲在紅樹林生態系統中的作用，對紅樹林的管理和下一步的防治提供了科學依據。

二十三年來，范航清主持完成國家科委、國家自然科學基金委、廣西區科

委和國際基金十餘個項目，一九九六年入選國家人事部「百千萬人才工程」第一、二層次人選；一九九八年入選國務院政府特殊津貼專家；一九九八年入選廣西「十百千人才工程」第一層次人選；一九九九年被評為「廣西優秀專家」；二〇〇〇年被評為「廣西科普工作先進工作者」「廣西自然保護區管理（科研）先進個人」。

根據中國政府與聯合國環境署的協議，二〇〇五至二〇〇七年，廣西紅樹林研究中心承擔了東盟六個國家的濱海濕地研究和管理專家在廣西的交流和培訓工作。中心是「廣西大學、廣西科學院海洋科學研究與人才培養基地」，當時有正高與副高職稱共十一人，並在區內外聘請多位客座研究員和高級工程師，設有紅樹林與濱海濕地室、海洋環境資源室、海洋與生物技術等實驗室。中心副主任周浩郎，曾任聯合國糧農組織「中國河口生物多樣性保護、恢復與保護區網絡建設示範項目」國家專家組成員，現任東亞海計劃項目四期專家指導委員會委員。

「學貴得師，亦貴得友」。二〇〇二年五月，廣西大學、廣西科學院海洋科學研究與人才培養基地在中心掛牌成立，開始合作共同培養濱海濕地學科碩士研究生。范航清、黎廣釗、閻冰、吳斌等中心的研究員擔任兼職教授，為廣西海洋科學的高等人才培養盡心竭力。

范航清，廣西大學特聘教授、廣西師範學院兼職導師，二〇〇二起至今，共培養碩士研究生近二十人；

黎廣釗，廣西大學兼職導師，二〇〇六年至今，共培養三名碩士研究生；

閻冰，研究員，博士，廣西師範大學兼職教授，碩士生導師；

吳斌，研究員，博士，桂林理工大學兼職教授，碩士生導師；

……

范航清在作海草調查

　　在一個連海洋學院或海洋專業本科都沒有的城市,卻聚集了一批可以培養研究生的專業導師,這不能不說是一件令人驚異的事情。

　　二〇〇六年七月一日,紅樹林研究中心與廣西大學共同培養的首位研究生邱廣龍獲得理學碩士學位。在後來的工作中,小邱兢兢業業、刻苦耐勞,很快成為了中心的骨幹力量。

　　基於紮實的實踐活動和系統的理論水平,中心先後編著了《山口紅樹林濱海濕地與管理》、《中國紅樹林國家報告》(中文、英文版)、《中國紅樹林經濟價值評估》(中文、英文版)、《中國海草植物》、《廣西紅樹林害蟲及其天敵》、《濱海藥用植物》、《中國亞熱帶海草生理生態學研究》、《廣西紅樹林蟲

害生物生態特徵與綜合防治技術研究》、《廣西北部灣紅樹林濕地海洋動物圖譜》。這些專著在業內產生了影響，部分成為中國濱海濕地研究的經典文獻。在海洋綜合調查和規模化工程實踐的基礎上，廣西紅樹林研究中心完成的《廣西典型海洋生態系統──現狀與挑戰》、《華南海陸過渡帶生態恢復系列》（四本）共五本專著在二〇一四年底前出版。

儘管成績斐然，范航清博士依然謙遜而淡定：「這些專著談不上多高的學術水平，但花費那麼多的人力財力與精力，獲得的基礎資料和數據、成功經驗、失敗教訓和感性認識對學科未來的發展總是有幫助的，這些專著是對中心成長足跡的一個記錄與階段性總結，應該對科研團隊和中心的歷史有個文獻交代。」

范航清對自己的工作定位相當清晰，他曾說：「人人都當理論家、科學家當然好，但這是不可能實現的。將高深的學術與面向生產和社會發展的需求結合起來，關注應用與管理才是省級科研機構的定位與主要使命。我們應該學會做好自己的本分工作。德國科學技術為什麼比中國強？人家不好高騖遠，自己能幹什麼就幹好它，天生我才必有用嘛！」

據《中國紅樹林國家報告》披露，中國目前擁有紅樹林面積為 22639 公頃，其中重點分布區之一的北部灣地區擁有 8375 公頃，占全國紅樹林總面積的 37%。這 37%的數字所代表的生態系統，成為紅樹林研究中心腳踏實地不斷耕耘的疆域，「37%」也成了中心人最鍾愛的數字。

號角已吹響 —— 中國首屆紅樹林濕地論壇

　　紅樹林既是海濱濕地的重要類型，亦是一個典型的海洋生態系統，其與海草床、珊瑚礁一道，受中國和國際社會的高度關注。紅樹林是構成中國海岸防護林體系的第一道防線，保護近海海域的生態環境，是國家濕地保護與建設的

重要內容，是北部灣國際水域生態安全的重要標誌，是泛北邊灣地區經濟崛起和可持續發展的一個重要生態保障。

隨著世人對紅樹林的認識日益深入，廣西壯族自治區也在不斷加大對濕地的保護力度。全區濕地資源調查和保護工程規劃工作開始啟動，《廣西紅樹林保護和發展規劃》《廣西沿海濕地保護和恢復規劃》《廣西濕地保護工程規劃》編制完成，並分別報國家林業局和自治區人民政府批准執行。

二〇〇七年九月七日，主題為「紅樹林與海岸濕地生態安全，紅樹林保護恢復與可持續發展」的中國首屆紅樹林濕地論壇在北海市舉行，來自中國十多個省市（自治區）林業、國土、大專院校及科研單位的領導和專家學者約二百名出席了論壇並作專題報告，共同為保護和恢復紅樹林及其可持續發展出謀獻策。

此次論壇由中國林業局濕地保護管理中心、廣西區林業局、廣西紅樹林研究中心共同主辦，旨在通過「紅樹林與海岸濕地生態安全」和「紅樹林保護恢復與可持續利用」的主題研討，提供紅樹的合理開發利用，以及北部灣紅樹林濕地保護與東盟國家合作的可能方式，學習各地紅樹林濕地保護經驗，促進北部灣經濟與生態環境協調可持續發展 。

論壇上，專家學者在肯定近年來中國紅樹林濕地保護與管理取得成績的同時，也清醒地看到紅樹林保護面臨的嚴峻形勢。據介紹，近二十年來中國紅樹林面積減少了約 40%，污染和人類活動導致紅樹林濕地生物多樣性下降，部分生態功能處於亞健康狀態甚至喪失，海岸侵蝕加劇，近海漁業資源日趨枯竭。

據《中國紅樹林行動計劃》提供的數據，一九八〇年以來中國被占紅樹林面積達 12923.7 公頃，其中挖塘養殖 12604.5 公頃，占 97.6%，港口、城市房地和工業用地近年來也占用部分紅樹林地。林區放牧捕鳥、採集經濟動物、污染、外來物種、病蟲害等都影響到中國紅樹林生態系統的健康。目前，大部分

紅樹林為次生林，高大的原始林很少，海南海桑、紅欖李、銀葉樹等多種紅樹植物野生種群面臨生存威脅。

論壇確定了中國當前和今後一個時期紅樹林和濱海濕地保護的主要目標是：保護紅樹林 2.47 萬公頃，發展紅樹林 6.59 萬公頃，開展 32 個紅樹林自然保護區保護管理設施建設；保護和恢復濱海濕地總面積 160 萬公頃，其中濕地保護面積 86 萬公頃、濕地恢復面積 74 萬公頃。

作為一項具體成果，論壇發布了《中國紅樹林濕地論壇北海宣言》，倡議加強對中國東南沿海這種重要生態系統的保護。

宣言肯定正在實施的《全國濕地保護工程實施規劃》為紅樹林濕地保護和管理提供了強有力的保障，要求儘快建立和完善相關政策和法規，完善濕地管理機構，制定中國紅樹林保護行動計劃，加強對紅樹林濕地資源利用項目的環境影響評價與監督，逐步建立重點濕地利用的補償和有償使用機制。

宣言倡議積極開展濕地保護宣傳教育，提高公眾意識，建立保護與合理利用紅樹林濕地的模式並開展示範活動。對於正在加快開發的北部灣經濟區，宣言希望廣西將濱海濕地作為戰略性環境資源納入總體規劃中，積極開展與東盟國家合作，建設「綠色北部灣經濟區」。

二〇三名來自中國大陸、臺灣和香港的代表簽署了這份宣言。他們中包括紅樹林保護與管理機構專家、科研機構和院校學者、非政府組織人士和紅樹林自然保護區管理人員。

宣言提出了儘快建立和完善紅樹林濕地保護政策和法規體系，完善濕地管理機構，強化部門間的溝通與協調；制定中國紅樹林保護行動計劃和紅樹林保護、發展規劃；加強對紅樹林濕地資源利用項目的環境影響評價與監督；逐步建立重點濕地利用的補償和有償使用機制，維護生態安全；加強紅樹林濕地的

廉州灣種植的紅樹幼苗

科學研究以及國際合作與交流等一系列建議和意見。

　　建設綠色「北部灣經濟區」是本次論壇通過的《中國紅樹林濕地論壇北海宣言》向廣西壯族自治區人民政府提出的建議。該建議認為，廣西應將北部灣濱海濕地作為一項戰略性環境經濟資源，納入北部灣總體發展規劃。

隨著中國—東盟自由貿易區的建立和中國—東盟博覽會永久落戶南寧，特別是泛北部灣經濟合作構想由共識走向實踐，北部灣（廣西）沿海正在成為廣西經濟的新增長極，成為令人矚目的投資熱土。正確處理保護與開發的關係、實現紅樹林濕地可持續發展，成為此次論壇關注的熱點。

關於這份《中國紅樹林濕地論壇北海宣言》，業界普遍達成共識：此舉標誌著中國紅樹林保護行動的序幕已全面拉開。

碧海紅樹金灘 —— 金海灣紅樹林生態旅遊區

二〇一四年五月一日，金海灣紅樹林生態旅遊區人聲鼎沸，笑語暄暄，「2014 中國・北海蜑家趕海節」在這裡歡樂上演。

金海灣紅樹林生態休閒度假旅遊區是中國極富濱海濕地風情和漁家文化內涵的黃金景點，位於北海市東南方向銀灘往東方向，擁有六公里長的黃金海岸線、二千多畝的紅樹林。落潮時有一點三萬畝潮間帶，灘平沙細、面積廣闊，一百餘種魚類、貝類、蟹類及沙蟲在這裡棲息繁衍，這裡被譽為「中國十大魅力濕地」「亞洲最大的原生態趕海樂園」。

與金海灣一脈相連的北海銀灘，素有「天下第一灘」之稱，屬國家 4A 級景區。銀灘「灘長平，沙細白，水溫靜，浪柔軟」，它的美細膩平和，一覽無餘。「鄰家女兒」金海灣沙灘，卻呈現出迥異的金黃色，金色的沙灘在翳鬱的紅樹林和湛藍的海天之間，顯得層次豐富而富於變幻，這片沙灘因此得名「金灘」，這也是金海灣紅樹林生態休閒度假旅遊區名字的由來。

趕海節的主題為「展示蜑家文化・體驗趕海樂趣」。開幕式上，外沙龍母民間藝術團為遊客表演了蜑家趕海傳統儀式──「祭海」，展現北海漁家民俗文化的精彩魅力。

　　蜑家人被稱作「海上游牧民族」，又有「海上吉普賽人」之稱，他們以捕魚為生，沒有固定的陸地居住點。蜑家居民以水為貴、擇水而居，出門行舟、打漁為生，獨特的水上環境使他們以船代步、以船為家，逐漸形成了豐富的帶有漁民特點的蜑家文化，比如水上婚嫁、水上交通、鹹水歌等。

　　「祭海」民俗，是蜑家漁民在漫長的耕海牧漁生活中創造的一種頗具地域特色的漁家文化和民俗活動。傳說明清時期，每逢農曆四月初八，長年漂流在

趕海

海上的漁民都要到北海媽祖廟，祈求媽祖保佑他們風調雨順、出海平安、魚蝦滿艙，由此形成了傳統的「祭海」習俗。「祭海」儀式有拜龍王、放生魚、跳祭海舞蹈等。祭海活動結束後，遊客和嘉賓可以免費品嚐祭海供品——燒豬等。

祭海表演後還有漁家女巧手織漁網比賽、趕海拾貝比賽、歡樂圍網捕魚、海鮮美食品嚐等。

金灘綿延二十多里，灘平坡緩、沙質細膩，因為依託紅樹林的原因，有著豐富的海產品資源。退潮時寬廣的沙灘上留下無數的貝類、螃蟹、沙蟲、泥丁。趕海的漁民手持肩扛著熟悉的工具，男的力氣大用鋤頭，女的力氣小用鏟子。漁民們定睛看著沙灘，如果看見沙灘上有新鮮的小洞，洞口裡有水，有小氣泡，便用非常迅疾的動作把小洞挖開，敏捷地掏出裡邊的沙蟲或螺，眼到、手到、錢到！

圍海撈魚是漁民的一種捕魚方式，也稱「撈箔」或「蟳箔」。漁箔是一種漏斗形的捕魚工具，一般選擇在潮水升降、水勢較急的匯合處設立。先用木樁圍成兩排，一頭匯合處用木樁固定，再用小竹片編排，結成「籬笆」柵欄，圍成一個迷你的漁港（魚室）。潮起時魚蝦蟹順水往網裡鑽，退潮時魚蝦蟹被困在網裡游不出來，遊客直接用網勺捕抓。這種玩法很有特色。

宋代詩人梅堯臣在《和謝舍人新秋》一詩中有「還憶舊溪游，水清漁箔甕」的句子，說的就是他和文友謝絳在鄧州圍網捕魚時的愉快場景。不過詩人和朋友是去河邊圍網，遠沒有在大海邊撈魚這麼豪情滿懷。

很多遊客在趕海的過程中學會了圍海撈魚、摸螺、捉蟹、挖沙蟲的技巧，還紮紮實實收穫了不少的海產品，體驗了一把漁民生活。遊客們享受著趕海的樂趣，最讓「吃貨」興奮不已的是，景區免費為遊客清洗加工趕海挖螺和拉網捕魚收穫的海鮮。此外，還提供了各式各樣當地特色海產品和蜑家風味美

趕海的遊客

食，遊客在這裡可以盡情品嚐原汁原味的舌尖享受。

事實上，金海灣紅樹林生態旅遊區作為一個當地居民和外來遊客共同休閒度假的去處，已經不止一次開展這樣別具風味的活動。就在二〇一四年一開年，就有「蜑家民俗文化節」在這裡盛大開幕，如織的遊人在這裡看到了一幕幕新穎獨特的蜑家風情演藝。

蜑家風情演藝內容主要以一名蜑家女子成長歷程為線索貫穿全劇，包括女主角提燈望親，在日常織網、捕魚生活中與心儀的蜑家男子相識相知相許，蜑家婚禮，洞房花燭共四小部分情景組成，以舞蹈情景劇為主要表現形式，情節感情跌宕起伏，悲喜交加，氣氛真實、喜慶，充分展現出了蜑家人民原始、樸素、真實的親情、愛情。

漁家民俗表演

　　蜑家習俗展上，演員穿著蜑家服飾，使用道具模擬蜑家人民日常作業、生活，如織網、捕魚等情景，以蜑家民謠、鹹水歌等歌、舞、小品等表現形式，充分展示蜑家傳統習俗，讓蜑家禮俗踏著時代的節拍，從而彰顯無窮魅力。

　　除了傳統與民間文化活動，金海灣風景區也常常出臺各種時尚、潮流的活動，比如「金海灣紅樹林塗鴉大賽」，以海洋生物和民間藝術為主題的「中國夢，北海情，紅林韻」人體彩繪活動。人體彩繪活動現場，來自各地的多位佳麗身著曼妙多姿的泳裝，由多名繪畫師在模特身上進行彩繪創作。活動還是吸引眾多的遊客和市民前來觀看，特別是攝影師及攝影愛好者，他們長槍短炮，紛紛用鏡頭將人體彩繪與紅樹林優美生態環境盡情展現。

　　此外，還有「緣自金海灣，情定紅樹林——大型青年聯誼會」，活動對象主要以年輕人為主，互動遊戲、拓展項目，植樹和浪漫紅酒會讓聯誼會格調浪

遊客在紅樹林裡遊覽

參加七夕聯合會的人群

漫優雅。

　　成立不過短短六年時間金海灣紅樹林生態旅遊區似乎已經約定俗成為最富情趣和風味的地方。

　　二〇〇八年五月，北海半島東南海岸（馮家江到大冠沙）「金海灣紅樹林生態休閒度假旅遊區」開門迎客，成為北海繼銀灘後又一個具有亞熱帶濱海自然人文景觀特色的生態旅遊黃金景點，並成為中國首個「海上森林」旅遊區，廣西首個「紅樹林濕地文化」公園。

　　就在二〇〇八年，《廣西北部灣經濟區發展規劃》正式實施，作為全國優秀旅遊城市的北海抓住了這個千載難逢的發展機遇，大力開發本地旅遊資源，做大北海旅遊產業，終於給世人留下了這幅藍天碧海、紅日白沙的詩意畫卷。

近些年，隨著北海市委市政府的重視以及市民環保意識的提高，北海紅樹林面積在逐年擴大，金海灣紅樹林成為發展較快的紅樹林之一。

因為紅樹林的生長區擴大，灘塗環境得到了良好的保護，生態也日益多樣化。每逢退潮，肉眼可見無數海洋生物，如招潮蟹、跳跳魚等在紅樹下自在遊蕩，生機盎然。

對熱愛紅樹林的人來說，金海灣紅樹林生態旅遊區最大的意義在於破解了紅樹林保護和發展的難題，而讓其和諧於「生態旅遊」這個主題之下，互為依託、共同興旺。

再造紅樹林 —— 北海市紅樹林良種繁育基地

二〇〇七年六月十八日上午，北海市委、市人民政府主要領導及相關部門負責人、青年志願者五百多人參加了義務種植紅樹林活動，種植品種為白骨壤、紅海欖、木欖、秋茄、無瓣海桑五種，總株數為 28277 株，面積達三百畝。

北海市義務種植紅樹林活動始於上個世紀九〇年代末。廣西壯族自治區海洋、林業部門加強了紅樹林保護與生態恢復工作，紅樹林面積逐步得到恢復，尤其是本世紀開始的造林工作，使廣西現有紅樹林面積逐漸恢復到上世紀五十年代的水平。除了紅樹林自然修復的部分，人工種植恢復也占了一定比例。

北海的「人造紅樹林」工程是從二〇〇二年開始的。二〇〇一年，為了改善生態環境，再造秀美山川，提高森林資源總量，中國啟動了「六大林業重點

工程」，沿海防護林建設工程作為六大工程的一部分，翌年在北海市拉開建設序幕。

北海市依託其獨特的地理位置及豐富的紅樹林種質資源，爭取國債資金一千多萬元，在北背嶺建立了北海市紅樹林良種繁育基地，規劃建設了採種區五千畝、引種試驗區一千畝、建設育苗基地一五〇畝。二〇〇六年至今，已培育了三百萬株良種苗木，為廣西乃至周邊沿海地區紅樹林濕地恢復提供了大量優質苗木。

北海市分別於一九九八年、二〇〇二年和二〇〇五年根據自治區濕地資源調查的要求，分別組織開展了全市濕地調查工作，初步查清濱海濕地資源現

北海民間志願者協會聯合北航北海學院參加紅樹林環保公益活動

狀，在生態保護優先的前提下，對全市紅樹林分布帶進行功能區劃，並對紅樹林人工造林進行調整布局，明確了沙崗、西場、黨江西片一帶紅樹林及宜紅樹林地為人工新造林主要選擇地和保護帶，山口、沙田、白沙等東片為核心保護帶，其他區域為一般性保護可示範利用區域在規劃中，擬建的黨江紅樹林保護區、垌尾紅樹林保護區、閘口紅樹林保護區、大冠沙濕地公園和已建成的國家級保護區山口紅樹林保護區為重點保護區域通過調查及規劃，進一步明確了以紅樹林濕地類型保護建設為當前北海市的主要任務，為北海市林業發展「十一五」規劃中將紅樹林濕地生態系統保護建設與海防林工程結合起來，納入兩大體系的工程建設項目之一提供科學的決策依據。

北海市在沿海鄉鎮試種了海桑、桐花、秋茄、白骨壤、紅海欖等紅樹林品種約 933 公頃，其中海桑有著「海上速生林」的俗稱。但是，人工種植紅樹林的成活率不高，大概只有 1/3。

北海市林業局營林科科長鄒嫦對能夠成活下來的那些紅樹林十分敬畏。她心裡十分清楚，紅樹林對生長環境要求十分嚴格，對土壤基質的要求也特別高，並不是所有海岸都能生長，紅樹林主要分布在河口、海灣、溺谷、潟湖等淤泥比較深比較多、海水鹽度低、水流速度緩慢的地方潮間帶中上部。

廣西紅樹林研究中心副研究員莫竹承與紅樹林打交道多年，對紅樹林脾性的了解如同對家人。紅樹林種植成活率高達 90%，但保存率不高，兩三年後僅存 30% 至 40%。究其原因，莫竹承說，樹幹上附生的藤壺太多，容易壓折枝條；病蟲害如廣州小斑螟，目前無有效防控技術；放養鴨子對紅樹林小苗造成危害；潮水的漲落，可能會帶走根淺的樹苗。所以要種好一片林子，需進行兩三次補種。

在北海沿海，人工種植紅樹林生長較好的地方主要分布在合浦縣黨江鎮和沙崗鎮以及鐵山港區的南康鎮。自二〇〇二年起結合海防林工程和義務植樹等

紅樹林幼苗

北海民間志願者協會會員在山口活動現場

形式，北海共新造紅樹林四千多公頃，形成了一道道人工林和天然林共同組成的綠色屏障。

　　讓人不無遺憾的是新培育的紅樹林絕大部分為次生林，百分之九十以上的紅樹林高度不超過四米，林相併不好看。據分析，退化主要原因有四點：

一是養殖業及城市生活污水，造成海水污染，直接威脅到紅樹林及其生態系統；

二是人為干擾嚴重，百分之八十以上的紅樹林被海堤與陸岸隔開；過度捕撈和過度挖掘捕獲海洋經濟動物而損壞紅樹林的根系，危害紅樹林幼苗和繁殖體庫，使紅樹植物群落更新困難；

三是自然災害，二〇〇四年五月發生了有史以來最嚴重的蟲害，二〇〇八年初的低溫對紅樹林人工林又造成了巨大的破壞；

四是農、漁業生產中大量使用農藥和除草劑，污染了紅樹林區的海水，直接威脅紅樹林及其生態系統。

紅樹林一旦被毀壞，很可能會永久性失去恢復的機會。民間組織中國紅樹林保育聯盟的項目負責人張曉曦對再造紅樹林持審慎樂觀態度：「原始林被破壞，恢復的多是重新栽植的次生林，其生態功能是不能等同於原始林的。」

說到自然災害的困擾，北海防護林場場長劉鈺對二〇〇八年初的低溫天氣仍心有餘悸：所引進培育的二十多個品種的幼苗凍死率達到百分之九十以上，每個人的心裡都又急又痛。這些引進的樹種當中就包括從西沙引進的「抗風桐」。

在中國遙遠的西沙群島上，生長著一種獨特的原始熱帶樹種。因它彎曲的樹枝如同麻風病人的手指一樣，因而得名「麻風桐」。由於它們能在強風中頑強生存，所以人們又叫它「抗風桐」。

種植紅樹林講求的是「適地適樹」的原則，即便是這樣堅強勇敢的抗風桐，由於屬性不適合本地，也在極端天氣下悲壯的犧牲了。唯一讓劉鈺欣慰是：一種叫作拉關木的樹種，儘管上半截已經枯萎，但下半截卻奇蹟般地存活下來。

二〇一三年，基地獲得自治區林業廳審定，拉關木、白骨壤、桐花 3 個品種認定為優良品種。

　　按照二〇一三年種子的收成情況，當年可採集良種六千八百多個。照這樣看來，二〇一四年也會是個豐收年。但是二〇一四年，颱風「威馬遜」正面侵襲北海，房倒屋塌、樹木折斷。紅樹林雖然經受住了考驗，但白骨壤的種子卻全部被颱風打落，這對於紅樹林苗木的繁育來說，不啻為釜底抽薪。

　　大喜大悲、坎坷萬端，紅樹林的良種繁育之路令人唏噓。

　　但不管怎樣，再造紅樹林和保護原始林雙管齊下，是北海不可推卸的責任和義務，任重而道遠。

情繫紅樹林　05章

斯土斯木斯民

在山口，有的紅樹樹齡已超過了一百年。

山口鎮北界村委會主任莫積森曾聽村裡的老人講過：一九四九年前家鄉就有了紅樹林，村民們一直在自發保護。各村落實行承包責任制前，紅樹林主要分布的北界村、英羅村等地村民還專門指派村民看守紅樹林，看守者可以享受工分、分配農產品。承包制後，由每家每戶湊稻穀，再分發給看守村民。這種方式一直延用至今。

但是在上個世紀六〇年代，村裡曾經開展過大規模的砍伐行為，因為紅樹林可以用來做肥料，以利種紅薯。

砍伐行為整整持續了三年，隨著生活條件逐漸改善，村民們才停止了向紅樹林的掠奪。紅樹林慢慢恢復。

然而到上世紀八〇年代，受養殖業蓬勃發展的誘惑，一些村民受利益驅動，無視村集體的約定習慣，貿然破壞紅樹林挖蝦塘。此舉引起了深明大義的村民們的憤慨。每次一有蝦塘動工的消息，總有村民會及時將消息通報給村委會，村委會則大力協助保護區管理處、英羅管理站查處這種不法行為。

在紅樹林保護區周圍，在巷頭村尾，到處都是宣傳保護紅樹林的聲音。

現在不法人員已經基本收斂，村幹部不用再嚴防死守。人為破壞少了，陸源污染少了，這是紅樹林自然恢復的重要原因。從隨意砍伐到逐漸認識紅樹林的重要性，村民們自覺進行保護，恢復了這片海灣海天一色、人與自然和諧共處的美景。合浦縣三百三十公里的海岸線沿海灘塗、海岸河口區處處紅樹招展、群鳥翔集，紅樹林在默默回報著珍惜它們的「家人」。

合浦縣紅樹林有 59855 畝，11 科 14 種，在全國 1.3 萬公頃的總面積中，合浦縣占了 20%，其面積之大、種類之多，僅次於海南省的東寨港和廣東省的雷州半島。山口國家級紅樹林生態自然保護區保護範圍僅占合浦全縣紅樹林面積的 35%，縣內還有 65%的紅樹林。

合浦縣紅樹群落內生物資源非常豐富，除了眾多鷗型目、雀形目等留鳥（如老鷹、隼、八哥等），每年秋冬季節，還有大批鶴類、鸛類、鷺類等候鳥光臨，初步調查有 106 種。紅樹林的生物資源也十分豐富，浮游植物、浮生動物、底棲硅藻、魚類、貝類、蝦、蟹、昆蟲等，生物多樣性可觀。

紅樹林裡小蝦小魚正是鴨子的天然飼料，合浦山口、黨江、七星島的海鴨蛋遠近馳名、味美鮮香、蛋白質含量高。西海岸黨江鎮是以老鼠勒等紅樹植物為主的河口濕地，在漁江村的海堤上，養鴨專業戶吳叔的家裡有六千隻鴨，退

紅樹林裡的鴨群

潮時就放鴨到灘塗上吃小魚小蝦，放養鴨產蛋率高，一年養鴨的收入十多萬元。

養蜂人黃仕鎮十分善於捕捉商機，每年四月中到五月初，他都會把所有的蜂箱搬到黨江鎮堤岸邊，專門採集紅樹林桐花品種的花蜜。黃仕鎮的花蜜主要銷往廣東、香港一帶。由於紅樹林屬於純天然植物，不用農藥或其他化肥養殖，其花蜜也是有機食品，因此深受青睞。據黃仕鎮說，廣東商戶來收購紅樹林蜜的價格可以達到六十元一斤，十幾天收入三至四萬元，利潤十分可觀。

每天海水退潮以後，合浦縣閘口鎮茅山村的村民廖家琪就和村裡人一起到村口的紅樹林裡挖沙蟲、泥丁，大家總是小心翼翼，生怕損壞了每一棵小樹苗。因為他們知道，紅樹林不僅給他們提供了豐富的海產資源，更是提供了村民生存的基礎。

相比於曾經瘋狂的毀塘養殖、得不償失，如今的紅樹林岸段潮上帶養殖對蝦受益於紅樹林所提供的良好自然環境，養殖成功率大幅提升，飼料係數降低，對蝦單產提高，且個體大品質高，故價格也高，可使單產值增加約十五萬元。

通過此類有說服力的案例對比，保護區周邊的養殖業者對友好利用紅樹林開展養殖的方式有了直觀的認識。目前，紅樹林岸段潮上帶對蝦養殖已替代過去的圍墾潮灘養殖成為當地對蝦養殖的主流。

七彩泡泡幼兒園在學習如何認識鳥類

我與小苗共成長

　　北海市的中小學生開學第一件事，就是去青少年活動中心參加軍訓，學期中間也會安排去活動中心上勞動課，全市每年有萬名中小學生到該活動中心開展活動。

　　活動中心建有一個永久性的海洋生物多樣性科普教育基地——海洋生物多樣性展室，展室展示內容包括海洋生物的基本知識、紅樹林生態系統、海草生態系統和珊瑚礁生態系統等四大專題以及其他海洋生物多樣性知識。展示形式生動、新穎，圖文並茂，有可以查詢海洋生物多樣性知識的觸摸屏多媒體、

DVD 投影、海洋生物標本等，在青少年中有力地宣傳普及海洋生物多樣性科普知識，並通過孩子們將知識傳播給廣大市民。

為提高廣大中小學生對生物多樣性的認識和理解，有關單位還開展了海洋生物標本製作競賽，得到北海市教育局、科技局、市科協及媒體等部門和單位的關注，參賽師生達一二五○餘人，並從二六五件獲選作品中評出獲獎作品作為生物多樣性教育的素材，放置在北海市青少年活動中心海洋生物多樣性展室。

在活動中心，還準備有市海洋生物多樣性保護知識讀本《北海的海洋生物——我知道些什麼？》，有針對性地反映廣西示範區的生物多樣性情況，語言淺顯、內容豐富、生動有趣。

「小手牽大手，小孩教大人。」北海市實驗學校一位學生家長感慨：孩子現在越來越有主見，在環保話題方面家長不敢掉以輕心。有一次，這位家長帶孩子去紅樹林邊玩，無意中把一個塑料袋扔進林子裡，在一旁的孩子馬上糾正說：「媽媽，你不能亂丟垃圾。」並跑下堤壩把塑料袋揀回來。當時，年輕的母親有點下不了臺，但心底裡更多的是驚喜和欣慰。這位年輕媽媽說，現在和孩子一起出門，如果過紅綠燈，孩子都會提醒家長不要闖紅燈；不要說髒話，不要大聲喧嘩。「什麼是言傳身教？不僅是父母教育孩子，更是共同成長。」父母重視孩子的全面發展，在孩子面前特別注重形象。如果孩子指出大人的不足，家長會深受感染，銘記於心，通過孩子將文明行為的教育成果傳播到家庭、社區和社會。

二○○五年，北海市兩名高中生進行了「紅樹林預防赤潮作用」的實驗。他們利用紅樹林主要品種白骨壤的幼苗，通過海泥、海水、生活污水、工業污水等樣本，經過八個月的實驗和觀察，證明了白骨壤模擬濕地有淨化污水的作用。這項實驗獲得了「全國青少年科技創新大賽二等獎」。

愛鳥護鳥兒童繪畫

　　北海市海城區三小五年級朱夢媛小朋友在參加北海市「故事大賽」中講過一個故事《白鷺飛去又飛回》。

　　這天，天都黑透了，阿澤還沒到家，澤媽著急得不得了。

　　第二天，第三天⋯⋯阿澤回家越來越遲了。

　　為了弄清真相，澤媽悄悄跟蹤起兒子。

　　只見阿澤走出校園，突然左轉去海邊的紅樹林裡。他貓起腰，躡手躡腳走

到一架網前，掏出剪刀，把那架掛在樹上的網剪了幾個大大的洞。

突然，樹林裡衝出一個彪形大漢，直衝著阿澤怒罵：「好你個臭小子，又來剪我的網。今天，看我怎麼收拾你！」

阿澤拔腿就跑，低矮的樹枝擋住了大漢，機靈的阿澤跑掉了。

澤媽嚇了一跳，回家追問兒子，阿澤囁嚅著說：「他們掛網，是為了捉候鳥來賣。沒了候鳥，誰來幫紅樹林捉蟲子？蟲子會把紅樹林吃光的！」

澤媽愣住，一件傷心的往事湧上心頭：當年，為了養蝦，村民們砍伐了紅樹林。後來颱風過境，沒有紅樹林的保護，整個村子都受災了。外婆的家被洪水淹沒，外婆病了半年多。

想到這裡，澤媽眼睛濕潤了，一把抱住阿澤，「兒子，你是好樣的！可你一定要注意安全！明天，媽陪你一起去護鳥！」

阿澤激動地撲進媽媽的懷裡。

第二天，校門口出現了一支「特種部隊」，一群家長和孩子組成的志願者，昂首闊步走向紅樹林。鬱鬱蔥蔥的林裡飄來陣陣歌聲：「小鳥在前面帶路……」

夕陽映照著志願者手中的橫幅──「愛護鳥類，保護家園」，一群白鷺在他們肩頭翩翩飛翔，彷彿在為他們鼓掌、喝采、祝福！

朱夢媛繪聲繪色的表演打動了所有評委。過了第一關，她會代表北海把這個充滿濃郁海味的故事帶去南寧，參加廣西區的比賽。

二〇一四年六月七日，第二十一屆全國青少年「美麗中國美好家園」愛國

主義讀書教育活動演講暨講故事比賽（廣西賽區）在南寧舉行。經過激烈角逐，小學組北海市代表隊朱夢媛選手榮獲特等獎。

接著，朱夢媛去北京參賽。二〇一四年七月二十八日，全國第二十一屆青少年讀書教育活動講故事和演講總決賽在北京落幕。代表廣西參加全國賽區演講和講故事比賽的共八人，經激烈角逐，北海選手朱夢媛獲講故事一等獎。她帶去了家鄉人對紅樹林的股股熱愛之情，這個原創故事裡關於保護紅樹林家園的理念，讓評委們一致認同。

繪畫是孩子們最喜歡的活動之一。由於年齡小、知識結構單薄，孩子們對一切事物都充滿了好奇心，帶著一雙天真的眼睛，他們所認知、觀看的世界有自己的形態和色彩，通過稚嫩的小手錶現在畫面中，會在其中流露出單純的感

金海灣紅樹林塗鴉比賽現場

情、強烈的認知欲。如何通過兒童繪畫反映生活中的真、善、美、假、惡、醜？如何通過繪畫使幼兒由個性人健康發展成為完整的社會人？專家們在深深思索著。二○○六年，在山口國家級紅樹林生態自然保護區和合浦儒艮國家級保護區周邊小學，由中國南部沿海生物多樣性管理委員會開展的生物多樣性繪畫比賽，吸引了近四千名師生參與。師生們用手中的畫筆，表達了他們對其身邊的紅樹林、海草和海洋生物的認知、感受和感情，其中的優秀作品，選入了海洋出版社出版的《中國南部沿海生物多樣性管理項目少兒海洋科普繪畫作品選》。

喜歡喝茶的朋友對盧仝這個名字定不陌生。盧仝是唐代詩人，被世人尊稱為「茶仙」。他好茶成癖，詩風浪漫，其《七碗茶歌》最為膾炙人口，甚至在日本也被廣為傳誦。

除了茶歌，其實盧仝還創造了一個流傳至今的詞兒——「塗鴉」。

盧仝有個兒子叫添丁，喜歡亂塗亂寫，常把盧仝的書冊弄得又髒又亂。盧仝因此寫了一首詩：「忽來案上翻墨汁，塗抹詩書如老鴉。」兒子的頑皮、父親的無奈如在眼前。

塗鴉首先出現在二十世紀六○年代的美國，後來街頭塗鴉文化散布到世界上的許多國家，慢慢被人們接受，逐漸成為一種藝術。

二○一三年十一月二十三日，北海「華一・紅樹林」塗鴉大賽在金海灣紅樹林生態旅遊區舉行，來自廣西藝術學院、南寧職業技術學院、北海藝術學院、北航北海學院、桂電北海學院、北海職業學院等二十一組選手經過緊張角逐，最後來自南寧職業技術學院的黃欣和他的同伴的塗鴉作品《和平》獲得了一等獎；北航北海學院的何禹錦的作品《紅樹林與寄居蟹》獲得二等獎；北航北海學院的余歡的作品《森林精靈》獲得三等獎。

金海灣紅樹林塗鴉比賽參賽作品

　　塗鴉大賽是北海金海灣紅樹林生態旅遊區管理有限公司在年內舉辦的「首屆金海灣紅樹林國際人體彩繪藝術節」的系列活動之一。此前北海紅樹林剛剛獲得「中國十大魅力濕地」的榮譽，主辦方希望藉助塗鴉這種時尚的藝術風格，展示北海紅樹林的無限魅力，讓紅樹林成為北海一張亮麗的城市新名片。

　　參賽的二十一幅塗鴉作品內容健康、積極向上，緊扣中國傳統「雅、韻、絕」的風格效果，以綠色環保、海洋濕地生物為創意基礎，突出「美麗金海灣，生態紅樹林」活動主題。

　　望著遠方一碧萬頃的紅樹林，參賽選手被金海灣的紅樹之美深深震撼。選手們的參賽作品都是以保護紅樹林為主題，如《憤怒的紅樹林》《吶喊》《呼吸》《金海灣——我的夢想家園》等。來自南寧職業技術學院的黃欣和他的同伴的

塗鴉作品《和平》表現力豐富，色彩搭配和諧，立意深遠，強調了「世界需要和平與愛，讓我們共同保護紅樹林生態平衡」創作主旨而一舉奪冠。

「我與小苗共成長」，從幼兒園孩子到大學青年，他們是紅樹林未來的主人，通過公民引導、教育、影響家人增強保護紅樹林的意識，形成良好行為習慣，會促進和帶動整個社會環保理念的提高。

保護綠水青山

在北海，保護紅樹林、保護青山綠水已是決策者們的共識。

二〇〇六年，第三屆東盟博覽會在廣西首府南寧市召開。在會上，溫家寶總理懇切地提出：中國應該和東盟國家在環境問題上加強合作。

二〇〇八年，《廣西北部灣經濟區發展規劃》出臺，其中「制約因素」裡明確提出近海地區生態保護及修復壓力較大。為了在建設中保護海洋生態環境，規劃明確規定要加強珍稀瀕危物種及沿海紅樹林、海草床、河口港灣濕地等重要海洋系統的生境保護，列出「合浦山口、北侖河口、欽江、茅尾海紅樹林保護工程」。可見，紅樹林成為北部灣發展戰略中的重要戰略性儲備資源，事關國家南海生態安全。

政府的保護決心、舉措體現在保護經費的提高和經驗的推廣上，「廣西山口國家級紅樹林生態自然保護區能力建設項目」二〇〇八年獲得中央及自治區財政資助共二五四二萬元。五月，北海半島東海岸（馮家江到大冠沙）「金海灣紅樹林生態休閒度假旅遊區」規劃初成。

二〇〇八年十月下旬，一個消息從北海市傳出：市人大常委會否決了市政府關於環境污染整治的專項報告。在政府隨後召開的整改會上，環保部門一位負責人不無委屈地表示：北海的空氣質量連年名列全國前茅，今年上半年各項指標甚至優於去年同期，人大常委會的否決，不是因為環境出了問題，而是對環境提出了更高的要求。

　　作為北部灣的著名旅遊城市，北海市對環境「更高要求」標竿十分醒目。比如全部城市建成區（包括兩個工業園）均被劃定為不允許使用燃煤和重油的「禁燃區」；雖然是廣西最大的漁業基地，作為重要產業的魚粉加工廠也被全部遷離市區。二〇〇六年，北海市提出「還灘於自然、還灘於大海、還灘於人民」，將銀灘國家旅遊度假區內三十九幢臨海建築全部拆除；停止了原規劃在海邊的一座五星級酒店的建設。以旅遊為支柱產業的北海市將高新技術產業作為工業的核心，印染、皮革等與旅遊相衝突的項目被拒之門外，過去那種隨意上項目的現象得以避免。僅二〇〇八年的政府預算中，安排的節能減排專項經費就達二千萬元。

　　二〇〇八年十月，溫家寶到廣西考察，目睹北海銀灘東部大片鬱鬱蔥蔥的紅樹林，他感慨地說：我們國家現在沿海地帶很多地區生態遭受破壞，但是北海到欽州這一帶還保存著大片的紅樹林。紅樹林其實是一個標誌，說明海水還沒有污染，如果一旦紅樹林沒了，海水遭受污染了，那麼綠藻、藍藻就出現了。富營養化，那不是我們的目標，而是我們應該堅決避免的。溫家寶指出，生態環境也是優勢，也是競爭力。

　　北海市委書記王小東曾明確提出：「推進生態文明建設，努力建設美麗北海，逐步建設生態經濟發達、生態環境優美、自然人文融合的美麗北海，切實保護好銀灘、潿洲島、濕地、海灘塗、紅樹林以及珍稀海洋生物。」由於北海市近年來不斷加大對紅樹林及濕地的保護力度，通過各種方式向群眾宣傳普及

紅樹林美景

保護紅樹林及濕地相關知識，提高群眾對紅樹林的保護意識，有效地保護了北海這片海洋生物的「天堂」，使得紅樹林及濕地在維護海岸生態平衡，保障沿海生態安全，促進區域經濟社會可持續發展等方面發揮了重要的作用。

北部灣海岸線擁有中國百分之三十七的紅樹林，在浩淼的大海與廣袤的陸地之間，有「地球上生產力最高的海洋自然生態系統」之稱的紅樹林保持著和諧與平衡。在尋求經濟快速發展的進程中，北部灣蓊鬱茂盛的紅樹林不僅向人們展示著人與自然和諧的生態魅力，更見證著北部灣的可持續發展。

現在，去北部灣沿海走走，你會發現紅樹長勢喜人、綠意滿眼，綿延幾十里的海岸線，綠樹濃蔭、海潮輕柔。灘塗上，魚蝦肥美、白鷺翱翔，儼然是一個生態樂園。

一個民間環保主義者的質疑

閘口事件，讓一個外鄉人的身影走向紅樹林深處。

他叫肖仁立，一九九二年從鋼鐵名城四川攀枝花來到北海。

一九九二年和一九九三年是北海城市歷史上可以濃墨重彩來書寫的章節，用「狂飆突進」來形容這兩年的城市面貌並不為過。一夜之間，城市聚集了上千家房地產商，他們像是一把把充滿能量的柴火，將小城原來平靜的生活攪動得滾燙、沸騰。從事城市土地規劃的肖仁立正是其中一位「趕海人」。

當畸形膨脹的房地產業降溫之後，肖仁立和他的同行們也像擱淺的小船，

滯留在這裡，與這個城市慢慢融合在一起。

　　與本地人對紅樹林的司空見慣不同，肖仁立對這種特殊的植物產生了濃郁的興趣。賺錢之餘，常常約著三五知己去海邊坐坐、談談，近看招潮蟹，遠眺紅樹林。

　　肖仁立愛讀書看報思考問題，當閘口毀林事件以一則豆腐塊大小的位置進入他的視野，他有點坐不住，急於了解更多的真相。他費了不少心思用百度搜索一番，能看到的有限資料卻足以令他震驚。原來紅樹林的意義竟然如此之大！

　　帶著理工男特有的執著、較真，那些天他天天沉溺於網海，試圖搞清楚關於紅樹林的前世今生。從電腦前起身，他又一次次去紅樹林現場實地踏勘。他甚至跑去林業局，找他們要來《森林法》，一條條比對、研習。

　　把所有的資料彙總過後，肖仁立撰寫了一篇長文——《紅樹林被毀的思考》。文章被全文刊登於二〇〇〇年六月二十四日的《人民日報》華南版：

　　最近，從多家媒體了解到，去年十月到今年四月的半年時間內，我市合浦縣閘口鎮東部沿海發生三起為建蝦塘砍毀紅樹林共近 500 畝（5 萬株），毀壞紅樹林濕地 1400 餘畝的惡性事件。事件引起了自治區的重視並下達了「立即停止砍伐紅樹林的緊急通知」。那麼這究竟是一種什麼性質的事件竟引起自治區的如此重視，並且非要由自治區的干預才能得到制止呢？帶著這個疑問，筆者查閱了有關資料並向相關部門的管理人員、學者進行請教。當我從對紅樹林一無所知到對紅樹林一知半解的時候，當我對「砍林」事件的背景進一步了解後，我的心情越來越沉重，幾乎到寢食難安的地步，以致於我不得不把心中的想法表達出來。

思考之一、該相信誰的數字？

首先令筆者感到迷糊的是圍繞這同一事件的三個不同數字，自治區的調查是，僅今年四月以來砍伐旺盛紅樹林1400多畝；紅樹林研究專家范航清博士用激光測距儀測定的結果是800畝紅樹林被砍毀；而合浦縣上報的調查數字是102畝，加上99年10月以來的另兩起毀林案一共才496畝，其他為沒有紅樹林的灘塗。我們該相信誰的數字呢？為妥善起見，筆者採用了本文開頭的兩種數字，即砍毀紅樹林近500畝（5萬株），紅樹林濕地1400餘畝。他們哪裡知道濕地同紅樹林一樣也是需要保護和嚴禁破壞的。筆者在想，當地政府在每年上報工農業產值時，在上報各級幹部的政績時是否也採取了如此「謙虛」和「務實」的態度？

思考之二、事件究竟有多嚴重？

……

從國際國內各級政府針對紅樹林所設立的機構及制訂的文獻可以看出紅樹林是多麼重要。而砍毀紅樹林500畝又有多大的過錯呢？根據最高人民法院、最高人民檢察院關於辦理盜伐、濫伐林木案件應用法律的解釋，盜伐、濫伐幼樹2500株以上為情節特別嚴重，濫伐自然保護區內的樹木從嚴懲處。這還是指的一般林木案件，紅樹林顯然要比普通陸地森林珍貴若干倍，因此，這一砍毀500畝、5萬株紅樹林的案件不是一般的特別嚴重，說它罪不可赦未必過分，因為它造成的巨大生態破壞是無法彌補的。

思考之三、這一事件是在什麼背景下發生的？

我們注意到這一事件是在我市政府相當長時期以來反覆強調旅遊業、海洋產業是我市兩大支柱產業的背景下發生的。從旅遊業角度看，紅樹林本身就是一種極具觀賞價值的植物群，而紅樹林保護區就是我市現實的著名的一個旅遊

景點和極具開發價值的旅遊資源；從海洋產業角度看，紅樹林是維持沿海居民從事海洋就業的十分寶貴的生態體系，它是海洋生物鏈的一個重要起點。沒有紅樹林，珍珠養殖、近海捕撈將成為歷史。這說明什麼呢？至少說明我們對如何發展旅遊業、海洋產業心中無數，也說明我們反覆強調的支柱產業還只是寫在紅頭文件上的幾個冠冕堂皇的文字而已。

我們還注意到，這一事件是在我市人大 1999 年 10 月 18 日通過《關於加強紅樹林保護管理工作的決定》之後，也是我國新海洋環境保護法頒布並實施期間發生的。這又說明什麼？它至少說明在我市就如何保護紅樹林以及類似的生態環境方面還缺乏切實可行的具體的有效措施。

思考之四、事件是如何被發現的？

嚴格講，砍毀數百畝紅樹林以及破壞一千多畝的紅樹林濕地顯然不是一時半會兒的小偷小摸行為，它是需要動用多人以及大型機械的大規模工程，這樣的舉動一開始就有當地居民知道，因此不存在被發現的問題，事實也的確如此。筆者所思考的被發現是指它是如何被社會所發現也就是被曝光的。經了解，這一事件是在當地村民忍無可忍的情況下聯名向自治區舉報才得以曝光。從合浦縣 5 月 31 日傳達自治區的《緊急通知》和我市政府 6 月 9 日發布 2000-3 號文《關於加強保護紅樹林資源的通告》的時間先後不難看出，為什麼村民要向自治區告才能解決問題，因為他們知道，不如此問題得不到解決。進一步調查發現砍林建塘並不是當地村民的個人行為而是政府行為。村民對毀林建塘之所以不滿，不是因為村民對紅樹林的價值認識有多深刻，而是出於他們切身利益的自我保護，政府為什麼不顧「衣食父母」的反對要一意孤行呢？難道就為了收取 100 元／畝年的灘塗租金嗎？這點收入還不及紅樹林年產出價值的零頭！顯然這一理由不大充分。在數字出官、官出數字的怪圈裡，這似乎是難以避免的，因為招商引資是政績，建蝦塘也是政績，如果養出了蝦那就更是政

績，1 萬產值可以報 2 萬產值的政績，更何況建蝦塘是一投資巨大的工程，大凡有工程都少不了有油水可撈。這就是為什麼一些政府幹部對這種事情都那麼樂此不疲！而保護紅樹林有什麼政績呢，沒準兒還要投入不少錢，讓老百姓受益幹部沒好處的事誰做，鬼才做！所以雖然事件一再發生但社會是發現不了的，除非你告上天，這不，真有膽大的「刁民」把它告上了天，《人民日報》都登了，我輩社會的一分子才有幸知道。

思考之五、事件是偶然的嗎？

我們不需追溯太遠，只從 90 年代初大致回顧一下就知道這一事件是偶然的還是必然的。1992、1993 年北海熱時期，著名的金灘開發工程直接毀掉紅樹林 400 畝和宜林灘塗 6000 畝；90 年代中後期大冠沙墾灘造蝦塘 600 餘畝，那地方原本也是有紅樹林的；今年合浦縣閘口鎮計劃圍墾灘塗 10000 畝。豈知這些都是堂而皇之的政府工程，零零星星的個人計劃不計其數，最近，連銀灘東頭的 25 畝珍貴紅樹林都難逃厄運；紅樹林的命運也就可想而知了，這是一種必然趨勢當然不是偶然事件，但如果本次事件能成為這一趨勢的終點，那又未尚不是一件幸事呢？

思考之六、如何才能避免毀林事件的再次發生？

筆者調查後認為，造成本次事件的原因主要有三個：一是多頭管理。紅樹林就像個苦命的孩子，由於它生長環境的特殊性，漲潮時他在海水裡，退潮時他又像似在大陸，林業、海洋、水產、環保、土地、地方鄉鎮村等部門都是他的爹，都可以簽字把他賣了，可當事情敗露後誰也不認賬。據說此次毀林建塘事件是有某些部門簽過字的，但至今沒找到責任人。二是人們環保意識欠缺，尤其是各級政府幹部對紅樹林認識不夠。不知道紅樹林還有那麼多的用處和說法，以為只是保護區內的不能砍，沒想到保護區外的紅樹林也不能砍，更不知道沒有紅樹林的宜林濕地也不能動。三是在如何合理開發沿海灘塗進行水產養

殖方面沒有科學統一的規劃。

針對這些原因採取有效措施已經刻不容緩，首先，對沿海灘塗養殖作出規劃，我市有 20 多萬畝灘塗，紅樹林只有 4 萬畝，即使保留那些能夠種紅樹林的灘塗，仍有大量的灘塗可供養殖用，但不是說不能種紅樹林的灘塗都可以被破壞，濕地也是需要保護的；第二，加強全民尤其是各級幹部的科普教育和環保教育已十分必要。科普知識很多，從何學起呢？從與我們身邊事物相關的科普知識開始學就簡單易行，我們是否可以此事件為契機對紅樹林、候鳥進行一次全民科普教育呢？我市在這方面有優越的條件，既有國家級的紅樹林保護區，又有紅樹林研究所以及全國知名的紅樹林專家。中央領導多次請科學家講課不是給各地領導樹立了榜樣嗎？第三、我市應把山口紅樹林保護區外的紅樹林劃為地方保護區，設專人加以保護。

思考之七、西部開發該走哪一條路？

北海是西部開發戰略中僅有的幾個濱海城市中最美的一個。可當一次又一次沙塵暴使北京人不敢出門；當一年比一年嚴重的黃河斷流使得母親河兩岸的大片土地乾涸荒蕪；當渤海距離死海只有一步之遠時。我們應冷靜反思，西部開發倒底該走哪一條路，是以犧牲生態環境為代價的虛假繁榮之路，還是尊重科學、保護生態環境的可持續發展之路？筆者曾撰文指出，北海的優勢就在於她是一塊成熟的處女地，北海的希望就在於困難時期能否堅守她的「處女」形象不被玷污和破壞。如果我們將大片的純潔海灘變成蝦塘，將紅樹林砍得七零八落，灘塗上再也挖不出泥丁和沙蟲時。北海還有這樣美麗嗎？北海還能吸引國內外的投資者嗎？

……

文章引起了包括時任國務院總理溫家寶和相關部門以及北海市的高度關注。

從某種角度上說，這篇文章是一面旗幟，獵獵迎風，喚起的是一位位後來者對環保理念的踐行，對紅樹林保護的關注。

這位外鄉人對於北海執拗的熱愛，即使是很多原住民也有所不及。肖仁立曾經利用春節假期，徒步北海漫長的海岸線，並拍攝了大量高清的景觀圖。面對北海湛藍的天空和澄碧的海水，他激動地驚嘆：上帝太鍾愛北海了，才會賜予它這麼美的沙灘。這些精美而原汁原味的圖片被肖仁立掛在本地一家極聚人氣的民間網站「北海365」上，頗受追捧。

和本名相比，他的網名「阿力」更廣為人知。「阿力」始終如一深度關注北海生態、環保、發展的話題，不平則鳴。包括二〇一四年的滸苔和團水蝨傷害紅樹林事件，也是由於「阿力」在一次次行走海岸線時，細心捕捉到，並通過發帖將之暴露於公眾視野，從而引起了有關單位和廣大市民的關注。從某種角度上說，對環保話題的較真也使得「阿力」成了北海市的「民間意見領袖」。

在網絡上，「阿力」和他的粉絲們十分活躍，紅樹林的每一次劫難、復元，都會被他們細心捕捉到，這一片綠水青山，成了他們關注的焦點，他們對於北海，對於北海紅樹林的殷殷熱愛之情，讓人銘記於心。

NGO，走起！

有人說一個城市的文明程度，不是看它有多少高樓大廈，而是看他有多少

義工（志願者）。義工用慈心善舉履行著社會公民的崇高責任；義工用行動演繹著奉獻精神、利他精神；義工為社會無私的奉獻，弘揚著社會「大愛」的文明內涵。

二〇〇九年十二月，訪問北海的美國駐穗總領事 Brian Goldbeck（高來恩），特意邀請以許海鷗為首的北海民間志願者協會代表進行民間交流，他連說了四個「想不到」：想不到這座城市有那麼多市民熱衷義工活動；想不到你們這個群體裡有科學家、律師、工程師，還有市長；想不到你們為社會提供的義工服務那麼廣泛；想不到你們這個組織一直致力於關注世界最熱點的問題——愛滋病和環保。

而對於北海市民來說，最想不到的是這個團隊——北海民間志願者協會走了這麼久、這麼遠。他們是城市最美的風景、最溫暖的記憶。

協會成立於二〇〇四年十一月，登記會員超過千人，他們以開放、公開的自律規則，用甘願奉獻的志願價值觀，得到社會承認，「公益北海」的旗幟下聚集了社會的公益資源。作為北海市一個公益平臺，十年來，協會利用社會力量籌集資金近一千萬，為社會貢獻二十多萬義工時，下鄉路程達十五萬公里，資助了一千一百多名貧困學生，為合浦縣山區小學改造和修繕危房項目七個，連續五年承接環保國際項目，連續六年承接聯合國全球基金「第四輪中國全球基金愛滋病項目」，為一縣三區九個村委會敬老院及蛟龍塘麻風病康復者敬老院建立義工服務點，定期下鄉為三百多位孤殘老人服務。

參加和美國駐穗總領事 Brian Goldbeck（高來恩）交流的志願者中，就有廣西紅樹林研究中心副主任周浩郎。紅樹林研究人員和環保理念較為先進的民間志願者可以說一拍即合，姻緣前定。保護紅樹林，志願者們首先從「種樹」開始。

二〇〇八年，東盟專家考察團來到紅樹林現場考察

　　北海紅樹林良種繁育基地項目是國家林業部兩個此類海防林扶持項目中的一個，總投資 415 萬元人民幣，其中國債資金 332 萬元，用於項目所在地進行海防林育種、繁殖、栽培及科研宣傳等。此項目在北海有四處基地，分別是北背嶺育苗站，禾溝育苗、種植示範區，大冠沙採種保護區，黨江採種保護區。良種基地培育有各種紅樹林種苗木八十萬株，分別為白骨壤、秋茄、紅海欖、木欖、無瓣海桑、桐花樹六個樹種。

　　北海民間志願者協會將首次活動地點選在了禾溝。

　　為了擴大紅樹林保護的宣傳、培養市民愛林護林意識和基本知識，經過協會的多次協調，在市防護林場的大力支持下，二〇〇五年八月二十一日，北海市首次市民零距離參與紅樹林栽種活動在海灘開展。防護林場的職工很細心，

在活動之前，已經將路上較險的幾處溝坎填平，把路旁尖銳灌木全部修剪過，使得志願者們來的路上少了顛簸和刮擦。

上午八點半，志願者們向禾溝灘塗進發。出發點到種植地雖然只是短短的一段路程，但是由於道路泥濘、狹窄，志願者的「玉足」被果斷「拉黑」。

男志願者們主動承擔了挖坑、抬苗等粗重活，女志願者們扶持小苗、澆水；現場還有不少可愛的小小志願者們，和爸爸媽媽合作，親手種下紅樹林，讓它們陪同自己成長。這也是非常有意義的事情，親子的快樂和環保的成就感洋溢在海灘周圍。

也許是第一次親手種植紅樹林，志願者們抑制不住內心的喜悅，忙著種植而忽略了灘塗上的小貝殼，一不小心就有人被劃破腳。有個搞笑的細節：網友「黑鴨子」在紅樹林深處，一彎腰撿拾到一枚新鮮的海鴨蛋。大家全樂了，說這枚鴨蛋是「黑鴨子」下的。大家在嘻嘻哈哈的時候，不遠處一雙溫情脈脈的眼睛注視著「黑鴨子」純真的笑容。和「黑鴨子」一同參與活動的還有當時在北海一家書店做老闆的「老讀物」，兩個志同道合的年輕人都有一顆追求真善美的心。在從事志願者活動中，「黑鴨子」不僅收穫了快樂，收穫了意外的海鴨蛋，也收穫了自己的幸福。經過兩個多小時奮戰，北海民間志願者協會與北海市防護林場職工在北海紅樹林良種基地禾溝育苗、種植示範區種植紅樹林無瓣海桑約四十五畝、七千四百株。

對於一個城市來說，志願的精神猶如種子，一旦遇到成熟的土壤和適宜的溫度，就會衝破一切阻礙，有力地成長起來。受到他們的感染，北海職業學院一批朝氣蓬勃的青年學生加入了志願者協會，他們常常匯聚一起，在馮家江吊橋附近的紅樹林自然保護區開展植樹活動。緊接著，北航北海職業學院、桂林電子科技大學北海學院、北海藝術設計職業學院的學生們加入了志願者的隊伍中來。廣西公益聯盟、北海市衛生學校、華夏口才學校、八達自行車協會、北

北海民間志願者協會會員參與種植紅樹

海市無償獻血志願者服務隊、北海市紅十字志願者服務隊、斯道拉恩索公司等紛紛加入，聚沙成塔，集腋成裘，每一滴水的融入，志願服務的河流由小變大。

一到「世界地球日」「濕地日」「環境日」等有環保紀念意義的節日，北海民間志願者的身影就會活躍在城市的街巷、紅樹林保護區以及網絡上來，呼籲社會關注環境，保護濕地。

在每年三月二十四日「地球一小時」全球性節能環保公益活動中，志願者們除倡導熄燈之外，還鼓勵個人、社區、企業和城市用實際行動「超越一小時」。

二〇一一年三月二十四日，北海民間志願者協會、北海香格里拉大酒店和市民們共同組織了紅樹林種植活動，用實際行動關注環境保護，為地球母親略盡綿薄之力。他們組織活動時，在細節上十分注意可操作性，這個團隊在運作同主題的環保活動上已經相當成熟了。

細節上的完整性除了讓這些戶外活動更順利、更安全，也讓志願者們的參與更有可持續性。

除了種樹，志願者們還想方設法開拓多種渠道，做紅樹林保護的宣傳教育工作。他們出了很多主意，包括倡導在快樂中感受環保，在助學中傳播文明的生活方式。

二〇〇七年八月六日，北海的夏天赤日炎炎，一百多人乘坐大巴，從北海往山口紅樹林方向進發。這一百多人都是北海民間志願者協會的會員，乘車前來參加山口英羅小學分校英北小學新教學樓的落成儀式，隨同他們一起前來的還有裝載整齊的嶄新桌椅。

這座教學樓建在合浦縣山口鎮紅樹林保護區的核心地段，學校由愛心人士捐助，修建工作由北海市民間志願者協會操辦。協會的幾個熱心人在會長「西魚」的帶領下，頂著日曬雨淋，一趟趟穿行在北海和合浦的路上。他們看著舊校園的危房被拆除，看著搖搖晃晃的舊課桌被淘汰，又細緻地監督著新的教學樓打地基、一層層壘起來、封頂、粉刷……建築工地上奠基、建設中等字眼不斷變換。隨著時間的推移，一幢三層共一〇二二平方米的教學樓以及圍牆正式完工。

協會又多方聯絡愛心人士募捐了價值四點二萬元的桌椅，會員們親手將新課桌椅搬進窗明几淨的新教室。新建的教學樓醒目矗立著，和樓前兩株粗大結實的榕樹交相輝映，淺黃的牆面、墨綠的樹木，和諧而清爽。

　　如今，孩子們終於可以舒心地坐這裡讀書了。

　　志願者們和英北小學的師生注視著緩緩上升的五星紅旗，臉上露出欣慰的笑容。這天，英北希望小學正式掛牌。

　　和英北希望小學同時掛牌的還有廣西紅樹林研究中心的紅樹林科普教育基地，秉承紅樹林環保工作「教育從娃娃抓起」的理念，學校被定為「紅樹林保護教育基地」。揭牌儀式簡潔而激動人心。校門前，一名志願者和一名小學生揭動紅綢，掌聲轟然鳴響。另一邊，寫有紅樹林科普教育基地的牌子也在閻冰博士手起綢落後呈現在大家面前。

　　新教室走廊上，沿牆掛了一溜宣傳畫。廣西紅樹林研究中心閻冰博士指著條幅上的精美圖片，給在座師生和志願者們進行了關於紅樹林知識的詳細介紹。孩子們對從小被稱作「欖樹」的植物又有了新的認識和了解，志願者們也重新當了一回學生。

　　此後，北海市志願者協會多次組織市民、會員到山口開展紅樹林科普教育活動，讓知識教育

山口英北希望小學「紅樹林保護教育基地」揭牌

紅樹林童聲合唱團的孩子們用心表演

和環保教育有機的融合在一起。

二〇〇九年三月二十二日，英北志願小學同時也是紅樹林科普教育基地裡熱鬧非凡，來自城裡的叔叔阿姨給孩子們帶來了一場宣傳保護紅樹林的「環保音樂會」。

這是由北海民間志願者協會和北海紅樹林童聲合唱團聯合組織的活動，旨在通過喜聞樂見的形式，提高紅樹林保護區周邊群眾的環保意識。為此，他們利用業餘時間趕排了一場專門的音樂會送到英北志願小學。

紅樹林童聲合唱團的小演員們純真甜美、宛如天籟的歌聲令人心靈純淨而

豐富，為了讓當地的孩子們也能參與進來，北海紅樹林童聲合唱團的老師還專門趕到鄉下給學生輔導，幫助他們排練了一首優美的歌曲——《我們的田野》。孩子們稚嫩而自信的笑臉、清純優美的歌喉，令在場的志願者感到無比欣慰。歌者真摯的聲音彙集成股股暖流，這飽含溫情的歌聲給現場的孩子和家長們以真情的撫慰。

對於在家門口的音樂會，學生們都非常新奇。許多學生家長也自發來觀看演出，他們在現場拉著演員們的手說，從來沒有人到鄉下來開音樂會，他們都感到新鮮，同時更加懂得了保護村子周邊紅樹林的重要性。

志願者還專門創作了「山口紅樹林」的詩朗誦，用詩的語言讚美紅樹林。

演唱會結束之後，為了宣傳環保，志願者和孩子們一起參與了親手製作「葉拓恤衫」的活動。孩子們在志願者的協助下，把象徵著紅樹林生態環境的樹葉脈絡印在 T 恤衫上——一件件白色 T 恤衫，經孩子們靈巧的雙手裝點後，顯得極具個性。穿上自己親手製作的環保服飾，孩子們格外興奮。志願者給每位受助學生發放了助學款，準備了書籍等禮物，孩子們雀躍地挑選著自己喜愛的書，臉上的笑容變得舒展。

下午，北海民間志願者們趕到鄉下，給五百多名農村學生和家長宣傳環保。他們準備好了關於保護紅樹林的問卷調查，廣西紅樹林研究中心也專門派出研究員來到學校，給學生上課。

很多志願者們都不會忘記這樣一個場景。當汽車奔赴山口英北小學的時候，大家在唱歌、聊天，一個活潑開朗的女孩「羽」擔當了主持人。身著粉色衣服的年輕女孩像一朵木棉花，臉上綻放著和煦的笑容。「羽」站在車廂前方，邀請大家一起唱歌，並用手語和大家互動。

我來自偶然，像一顆塵土

有誰看出我的脆弱。

我來自何方我情歸何處，

誰在下一刻呼喚我……

車廂裡，迴蕩著「羽」和志願者們歡樂的聲音，路途也變得輕快起來。

這一幕，深深地烙印在許多人的記憶裡。

而這位叫「羽」的女孩兒，不幸因病長眠於天國，但她的笑容感染著她的

志願者「羽」在敬老院做義工

志願者夥伴們繼續前行。

　　同為志願者的「山娃娃」在「羽」過世後，帶著遺憾和痛心，發帖紀念這個善良的女孩。他寫道：

　　我們到了醫院。這是一條幽深的廊道，是一條生與死的時光隧道，隧道的那一頭是羽的病房。我們默默的走著，腳步聲重重地敲打著我們心靈最柔軟最痛苦的地方。

　　其實，到目前為止，我們還沒有知道羽的真實名字。我們是在一起做義工

認識的，是羽的溫柔善良、公而忘私感動了我們，成為我們的摯友。敬老、環保、防艾、助殘、助學、義演等無處不見她的身影。

羽有一種迷人的親和力，有一種無聲的感召力，她是我們志願者協會的中堅力量。

在「羽」罹患癌症之前，她一直是志願者中的積極分子，對環保更是投入了無比的熱情。無論是去海灘種植紅林，還是赴鄰市防城港參與紅樹林的公益宣傳項目，她都一直走在前列。甚至在患病期間，也堅持遠赴廈門參與紅樹林環教活動，認真聽課、記筆記，回來和同伴們分享自己的心得。她給人留下最深刻的印象，就是始終如一的溫暖笑容。

「羽」的離開讓很多志願者們依依不捨，但是，在去天國的路上，她並不孤單。

當年一起參與和見證了英北希望小學落成的還有山口鎮英羅村黨支部書記吳有新。當國旗升起的時候，吳有新曬得黝黑的臉龐上露出純樸的笑容。

二〇〇五年七月，吳有新被當選為英羅村黨支部書記。自那時起，他多方籌集資金 278 萬元，修建新圩至石樂埠村、那畔至英南村以及石東埠總計 10.8 公里村級道路；協調有關部門建好山口英北志願小學一幢三層 1022 平方米的教學樓以及圍牆，連繫北海民間志願者協會捐贈了價值 4.2 萬元的桌椅。

二〇一〇年十一月二十七日，吳有新抱病深入各家各戶動員群眾參加新型農村合作醫療，在工作的過程中暈倒在地，後醫治無效逝世，年僅五十七歲。

吳有新用自己默默無聞的奉獻，為英羅村老百姓幹實事、辦好事，樹立了一個共產黨員的先鋒模範形象，他的事蹟在當地群眾中流傳並引起了強烈的反

響。

斯人已逝，但精神猶存在英羅百姓心中。

北海民間志願者協會的工作引起了國際國內關注的目光。二〇一二年，全球環境基金小額贈款項目──「廣西北部灣紅樹林生態恢復及生態養殖示範項目」落戶北海民間志願者協會，大家的精神頭兒更足了。他們相繼組織了一系列守護北海濕地──紅樹林種植與宣教活動。

在關於紅樹林的宣教活動中，志願者們把環保宣講、護鳥宣傳、海灘清潔、垃圾分類等活動串在一起，分組進行。以「垃圾不落地，北海更美麗」為口號，以「愛北海，愛銀灘」為主題在北海開展戶外大型公益環保活動。活動每人僅收取五元活動費用，用於購買清潔用品（如垃圾袋、手套等），活動結餘將用於協會敬老、助學支出。

紅樹林認知和保育意識的薄弱在全國許多地方都有著不容樂觀的現狀，而各地的紅樹林都面臨不同程度的威脅，單靠紅樹林項目組孤軍奮戰，未免精力有限，鞭長莫及。努力培植其他的民間組織，關注當地的紅樹林保育工作不失為一個明智的出路。

二〇一三年四月八日晚，受北海民間志願者協會邀請，紅樹林保育聯盟與之聯合舉辦「紅樹林巡護員北海宣講會」。宣講會邀請了北海山口英羅紅樹林保護區的巡護員、對紅樹林巡護員保護項目感興趣的志願團隊及市民志願者一同參加，借此建立起保護區巡護員及北海民間志願者之間的連繫及互動。

宣講會介紹了「紅樹林預警機制紅樹林巡護員項目」的具體內容，分享了全國及北海紅樹林保護區的介紹和紅樹林保護工作經驗。觀眾和嘉賓之間的良好互動使得人們對紅樹林的保護又有了更多更深入的了解。

關於「保護濕地，愛護紅樹林」的講座在北海常年開展，招募對像是北海

市各界關注紅樹林的人士，先後來進行講座的講師有范航清博士、中國紅樹林保育聯盟的社區發展項目負責人高雪芹等。有時候協會也會主動送會員去外地參加紅樹林相關知識培訓。繼「羽」之後，二〇一二年十二月末，協會又選派翔翔、黑妞、荷葉三名環保志願者參加中國紅樹林保育聯盟在廈門市舉辦的「紅樹林教師工作坊」。三名志願者在培訓中學習了環境教育的相關技能及環保志願者的工作方法培訓，這些技能和方法對於此後協會開展環保活動頗有借鑑價值。外派培訓的志願者回家之後，必定要和大家做一個分享會，聊聊培訓中的學習體會和有趣的見聞，將培訓的知識廣為傳播。

　　環保的種子就這樣萌芽、成長、開花、結果。

山口村民參加紅樹林保護區的監測培訓

山口國家級紅樹林生態自然保護區周邊的村莊多由同源外來移民聚居而成，如山口鎮永安村遠在明朝就已存在，其居民構成在一定程度上帶有「家族」的特性，因此村莊的管理仍保留了具有威望的人士（即「族頭」）享有話語權的傳統模式。從某種意義上說，「族頭」有話語權是對官方管理當地村莊的管理形式之外民間管理的補充，官方行政領導與民間的「族頭」又往往是合二為一的。在長期與紅樹林打交道的歷史和生活當中，紅樹林居民積累了許多有益的處理人與自然關係的知識、技能，形成了獨特的與環境相處的智慧和文化，以及分享自然饋贈的約定和習俗。

山口國家級紅樹林生態自然保護區北界、英羅兩村的族頭規定，族人不准偷砍紅樹林，不準到林區內挖掘海洋生物。二〇〇二年三月，新屋族人密謀欲出動三十餘人準備在夜間砍伐十餘畝紅樹林，然後用船把紅樹林運到海上銷贓滅跡，以便占灘造塘用來養蝦。「族頭」沈祖新得知這一消息後心急如焚，立即向山口國家級紅樹林生態自然保護區管理站舉報，並親自帶領保護區管理人員找到當事人，動之以情、曉之以理，這一毀林計劃被扼殺在萌芽中。

為維護族人從事紅樹林趕海的傳統權益以及防止海水養殖業侵蝕紅樹林，山口國家級紅樹林生態自然保護區族頭網絡應時而生，並與保護區自覺形成統一戰線。族頭網絡分擔了保護紅樹林的義務並擔負了管轄一定範圍紅樹林的職責，與保護區所聘請的護林員構成了保護區前沿護林體系，有效地防止了非法砍伐紅樹林事件的發生。

通過族頭聯席會，保護區建立了與周邊社區連繫和溝通的渠道。族頭們十分關注山口國家級紅樹林生態自然保護區生態旅遊規劃和管理，部分族頭還親自參與了生態旅遊的開發和運作，分享了生態旅遊所帶來的收益。

此外，族頭網絡還發揮其在族人中的影響力和號召力，利用宗族集會等時機和場合，向族人宣傳保護紅樹林的意義，並規定族人不准偷砍紅樹林，鼓勵

採用傳統的可持續的紅樹林利用方式。

山口國家級紅樹林生態自然保護區依靠族頭網絡參與管理，是對山口紅樹林社區傳統習俗和文化的尊重，是對利益相關者管理資源和分享權益的理念的推崇。事實證明，植根於當地傳統文化土壤上的族頭管理網絡，促進了紅樹林及其生物多樣性和紅樹林社區文化多樣性的保護，推動了有序且有效的社區共管模式的形成。

為鼓勵更多民眾共同參與對紅樹林的保護，山口紅樹林保護區還引導周邊村民自發成立「山口紅樹林保護鄉村組織」，建立村民護林員網絡，進行社區共管，迄今已發展會員一百二十人。這是由非政府環保組織（NGO）和社區參與的海洋生物多樣性志願者保護網絡的一個單元，旨在喚起更多的人參與海洋生物多樣性保護。

除了北海民間志願者協會、山口國家級紅樹林生態自然保護區族頭網絡、山口紅樹林保護鄉村組織，在北海還活躍著不少關注紅樹林生存現狀的民間組織。

二〇一三年六月二日上午，廣西北海紅樹林關愛與發展研究會成立儀式暨環境教育知識講座成功舉辦。廣西紅樹林研究中心主任范航清博士、中國科學探險協會奇異珍稀動物專業委員會副秘書長趙連石為志願者們作紅樹林科普講座，六百餘名紅樹林環保志願者認真聆聽了講座。

八月二十九日，北海紅樹林關愛與發展研究會舉辦「關愛紅樹林大型宣傳公益活動」。近三百名研究會會員各自騎著插有「美麗廣西、清潔鄉村」「熱愛家鄉、關愛紅樹林」「關愛紅樹林、我是志願者」等字樣彩旗的電動車，分成紅、藍、綠三隊，繞行市區繁華街路，沿途宣傳保護紅樹林、維護生態平衡理念。巡城過後，他們來到北海銀灘東側的紅樹林中撿拾垃圾。經過一小時的

奮戰，共清理了近五千公頃紅樹林中的垃圾。

研究會的「宣傳陣地」不僅在北海，協會會員更是自費趕到南寧的廣西園博會宣傳保護紅樹林。為了擴大宣傳影響，協會還參加了鳳凰衛視的《發現新公益》節目錄制（已播出）。

為了讓紅樹林的形象更加生動活潑、親切友好，研究會會員們首先將紅樹林中的十五種重要生物設計成卡通形象，然後通過這些藝術形象將其設計成時尚的紅樹林生態教育產品，如 T 恤、鑰匙扣、漫畫書、兒童玩具、紅樹林動物棋等等，通過網絡、紅樹林保護區及旅遊景點等平臺銷售。他們甚至希望把卡通形象做成卡通片和影視劇等能夠吸引大眾的文學影視作品，讓大眾在娛樂中了解紅樹林、紅樹林濕地以及紅樹林生物多樣性等科普知識，並從這些作品中了解環保理念，改善大眾的環保價值觀，使 NGO 組織在中國可以展現更大的正能量，蓬勃發展。

研究會希望能積極參與政府及相關部門組織的紅樹林生態保護活動，廣泛與國內外相關機構、組織密切配合，力求探索出一條集紅樹林及濕地保護與利用、環境教育、公益回報為一體的紅樹林及濕地可持續保護之路。

北海民間志願者協會的一位會員曾經寫過這樣一段話：

有一種生活，你沒有經歷過，就不知道其中的艱辛；

有一種艱辛，你沒有體會過，就不知道其中的快樂；

有一種快樂，你沒有擁有過，就不知道其中的偉大。

做義工，參與幫助他人、幫助社會，對於志願者來說，累並快樂著，付出並收穫著。正如民間志願者協會成立不久，為自己的初心定下的使命：搭建公益橋梁，傳播公益理念，推動北海民間公益行動。善待弱小，保護環境，讓人們在自然環境最好的城市和諧相處！

北海有你更美麗！紅樹林有你更美麗！

讓我看著你飛翔

在中國古典文學、繪畫、手工藝品中，樹與飛鳥和諧共存的場景歷來是藝術家們鍾愛的題材。

「枯藤老樹昏鴉」，營造出斷腸人在天涯的漂泊感；「兩隻黃鸝鳴翠柳，一行白鷺上青天」，明媚清新，色調明快；「幾處早鶯爭暖樹，誰家新燕啄春泥」，春意盎然，一派天然；「羈鳥戀舊林」，遊子葉落歸根的思鄉情結濃郁深沉。

在紅樹林的上空飛翔、棲居有白鷺、黑臉琵鷺（珍稀動物）、貓頭鷹、樹鵲、白鶴等鳥類，留鳥、候鳥算在一起有 100 多種。僅山口紅樹林棲息就有 118 種鳥類，其中 102 種是候鳥，這些候鳥中 13 種為夏候鳥、64 種為冬候鳥、25 種為旅鳥。

候鳥喜歡棲息於沿海紅樹林區域及周邊地區，紅樹林為鳥兒提供棲息地，鳥兒捕食紅樹林中的害蟲。鳥是樹的花朵，樹是鳥的家園，鳥與紅樹林是和諧的一家。

紅樹林上鷺鳥翔

在城市保護紅樹林的進程中，護鳥愛鳥成了其中最重要的內容之一。

說到愛鳥護鳥，不得不提及北海的地理位置、城市沿革和歷史建制。北海於一九四九年十二月四日解放，其時為鎮，屬廣東南路專區的合浦縣管轄。之後幾經反覆，最終於一九六五年六月又劃歸廣西。作為沿海城市，北海保留了粵地的生活、語言和飲食習慣，日常飲食中意煲湯，各種老火靚湯成為餐桌上不可或缺的重頭戲，以烹調山珍野味見長的靚湯歷來十分受歡迎。

「秋風起，吃野味。」北部灣區域位於東亞—澳大利亞全球候鳥遷徙路線上，是重要的候鳥遷徙停歇地，每年秋天都會有無數南飛的候鳥途經此處。多年前，人們還沒有環保概念的時候，除了佛家不殺生的理念之外，此地食客對於野味類食物並無反感。食用和捕捉候鳥並不是為了滿足溫飽的口腹需求，而是歷史上形成的地域傳統飲食文化的傳承以及牟取利益的驅動。這樣的「文化」對於生物多樣性保護來說可謂災難之源，要想有所改變，絕非一日之功。

隨著環保理念的普及，有見識的人們開始自覺抵制這種野蠻無知的行為。公然打著「野味」招牌的餐飲店越來越少，但仍有不少市場、食肆偷偷叫賣，政府的管理時松時緊，捕獵、宰殺的人鋌而走險，而食者更是不缺。

據估算，北海市每年被捕的候鳥不少於一萬隻，被捕獲的鳥類中有鷹、雕、隼、鷂等屬於國家二級保護動物的猛禽，還有鶴、鷺、鷸、鵑等鳥類。非法獵捕候鳥者唯利是圖，採用捕盡殺絕的方式獵捕候鳥，對候鳥危害極大。

一天早上，北海市韋先生正帶著隊伍在銀灘東面的馮家江海邊進行拓展訓練。韋先生等人看到海邊一個水塘處，停著兩輛桂 A 牌照的高檔轎車，車上的人正在張網捕鳥，韋先生馬上用手機拍攝。他們還聽到附近情人島上有槍聲，槍聲驚起一片正在海邊棲息的候鳥。韋先生把這一情況告訴了北海市保護鳥類的民間團體——百林鳥志願護鳥隊的隊長陸先生。

百林鳥志願護鳥隊的成員騎行到北岸紅樹林濕地，陸先生同時向北海市森林公安局的負責人報告。可當大家趕到馮家江海邊後，捕獵者已開車離開。趕到現場的森林公安局民警和志願者們在附近海邊和水塘邊拆除了四張共約八百米長的捕鳥網。當天，森林公安民警、廣西海監九支隊的執法人員與志願者一起，在北岸和馮家江海灘共拆除捕鳥網上千米。

發生在北海紅樹林邊的這一幕，對於民警和志願者們來說既熟悉又痛心，這已不是北海秋季的第一起護鳥行動。

年年秋風起時，捕鳥、賣鳥、護鳥的戰役也同時拉開。正方是林業執法人員、市民志願者、企業志願者及高校志願者，主戰場是大冠沙濕地、高德垌尾濕地及冠頭嶺下的海邊。

二〇〇九年十月二十八日，一封公開信擺在了北海市市長連友農的桌前。

尊敬的連友農市長：

您好！

我們是來自廣西各地的觀鳥愛好者，2009 年 10 月 24 日、25 日，我們有幸參觀了北海市，北海市快速發展的城市建設和優美的濱海風光讓我們迷戀。當然，我們來北海的另一個目的是觀測、調查遷徙候鳥的情況。北海特殊的地理位置，使其成為很多候鳥遷徙的必經之地，每年秋季，大批的候鳥從北方飛臨北海。有些鳥在此過冬，直至來年春天重新飛回北方繁衍後代。而有些鳥則只是在北海停棲休整一段時間，然後再度起飛，奔向大海彼岸的冬棲地。目前正是猛禽類向南遷徙途經北海的時候。

北海由於生態環境保護得很好，成了猛禽停棲覓食的首選地。每天都可以看到成群的猛禽盤旋於上空。我們這兩天觀測到的就有鳳頭蜂鷹、普通鵟、灰臉鵟鷹、紅隼、阿穆爾隼、黑冠鵑隼、松雀鷹等，數量有上百隻。漫天飛舞的猛禽吸引了眾多的市民及遊客前來觀賞。然而，半山腰上四處響起的槍聲卻打破了城市的寧靜，那是偷獵者在獵殺猛禽。二十四日下午十六時許，我們與眾多的遊客親眼目睹了一隻鳳頭蜂鷹在空中被槍擊中後墜落的悲慘一幕。

　　根據《中華人民共和國野生動物保護法》及其條例規定，非法捕殺國家重點野生保護動物是違法行為，情節嚴重、構成犯罪的要追究刑事責任。目前，幾乎所有的野生鳥類都已經列入受法律保護的野生動物範圍，其中，猛禽類（包括鷹、雕、隼、鵟、鷂、鴞等）都是國家二級保護動物。偷獵分子使用槍枝捕殺猛禽，不僅違反了《中華人民共和國野生動物保護法》，而且他們持有的槍枝是否合法也值得懷疑，假如屬於「黑槍」，那麼，不僅對鳥類是個傷害，對北海市的廣大人民群眾的生命也構成了威脅，是容易引發嚴重違法犯罪的根源之一！

　　為此，我們懇請市長您能在百忙之中，抽出時間過問一下此事，督促公安機關在鞏固以前收槍治暴取得成果的基礎上，進一步增強工作力度，收繳打擊社會上尚存的少量黑槍，既是對鳥類的保護，更是保證北海市長治久安、維護社會穩定的一項重要的工作。

　　同時也請您督促正集中精力忙於集體林權制度改革工作的林業部門，不能放鬆野生動物（鳥類）的保護工作，結合森林防火工作，抽出一定的人員和時間來做這項工作。還有，請政府督促工商部門聯合林業部門，加強對市場巡查管理，依法取締進行野生動物（鳥類）交易的地下市場，打擊販賣、購買野生動物（鳥類）的行為。

……

　　以上建議，請市長您參考。再次感謝市長您花時間來閱讀此信並過問此事，謝謝！

　　公開信引起了市長連友農及北海林業部門的重視，他們主動連繫北海當地網站和志願者組織，希望在全市開展一次由市民參與的「愛鳥護鳥公益活動」，走進冠頭嶺山下的村子，走進市場，倡議村民不捕鳥，市民不吃鳥。

　　廣西環境保護及觀鳥愛好者：

　　您好！感謝你們對北海的城市建設和優美的濱海風光建設以及我們的工作提出寶貴的意見！

　　你們於 2009 年 10 月 27 日致北海市市長的一封公開信，我們對此非常重視，專門召集了北海市公安局、林業局等有關單位召開了「愛鳥護鳥」專題會議，研究部署「愛鳥護鳥」工作，責令北海市公安局、林業局等有關執法單位嚴厲打擊非法獵捕、殺害、收購、販賣候鳥，嚴重傷害候鳥及破壞其棲息環境的違法犯罪行為。

　　……

　　鳥類是人類的朋友、是美麗的精靈、是文明的傳播者。希望大家能共同保護這些南遷的朋友，做到不捕鳥、不販鳥、不吃鳥，讓鳥兒在美麗的藍天下自由飛翔！

　　再次感謝廣西環境保護及觀鳥愛好者們對我們工作的大力支持，為我們北

紅樹林上空飛翔著的鷺鳥

海的林業健康有序發展，為我們的城市建設提出寶貴意見。希望在今後繼續支持、監督我們的工作。謝謝！

作為對此事的回應，連友農馬上布置林業部門開展打擊工作，要求「堅決打擊獵捕候鳥的行為，讓北海成為候鳥的安全驛站」。為此，市裡還撥出專項資金。

此後不久的十二月五日是國際志願者日，北海一五〇名志願者與森林公安局民警攜手，來到北海國家森林公園——冠頭嶺，深入村民家中、餐館和山上，向村民和遊客宣傳共同愛護鳥類，維持生態平衡。

活動當天北海北部灣廣場活動集中點人頭湧動，原定徵集八十名志願者，最後來了一五〇多人。志願者中還有一位特殊的人士——英國人卡爾，這位雪膚金髮的老外居住在北海，從網上知道消息後，一大早趕過來參加活動。

志願者首先來到冠頭嶺山腳下的地角鎮新營步東村，大家分成多個小組，到各戶進行宣傳和填寫調查問卷。其中一組人員來到一戶門前，還沒來得及亮明身分，一位孕婦就把他們擋在門外。在跟志願者交流後，這位孕婦表示，自己支持「愛鳥護鳥」活動，勸阻親屬和鄰居不打鳥、不賣鳥。

　　在村口一家小賣部，六十多歲的蔡大爺接受志願者的問卷調查時說，他從小就開始打鳥，每年打下的鳥不少於幾百隻，有時一天就可以打十來隻貓頭鷹。最近幾年，聽到宣傳說禁止打鳥，公安抓得越來越嚴，他仔細想想也覺得一個活生生的生命從天上被打下來，多少有點殘忍，也便就此罷手。

　　其實像蔡大爺這樣從盜獵者轉變為旁觀者的人不在少數，而從盜獵者跨而轉為護鳥者也有其人。

　　網友「百日無雨」也是這樣「華麗轉身」中的一位。

　　秋天時，北海民間志願者們在有關部門的協助下，拉著一百多人的隊伍浩浩蕩蕩地進軍冠頭嶺，進行了一次聲勢浩大的護鳥活動。

　　活動過程中有會員在討論什麼地方打鳥的人最多？在哪個時間段有些什麼鳥？「百日無雨」如數家珍，一一作了詳盡的描述。對方怔了怔，忽然好奇地問：「請問你做什麼工作的？怎麼對鳥類活動這麼熟悉？」「百日無雨」有些尷尬：「我是做工程的，對鳥類活動熟悉是因為我以前就是獵鳥分子中的一員！」對方死活不信。

　　「百日無雨」沒有說謊，他以前的確熱衷於打鳥。

　　「百日無雨」清楚地記得，自己小學的時候就開始打鳥，那時打鳥的工具用的多是彈弓。為了能做一副好彈弓，他竟然趁爸爸週末從軍營回來時，偷偷把他的軍靴割了一塊來作材料──後果當然是被狠狠揍了一頓。

那時的人壓根沒有什麼愛鳥護鳥的意識，如果有人說護鳥，別人肯定會覺得對方腦子有問題。「百日無雨」曾經用彈弓打下了一隻「收雞鷹」(鷹的一種，最喜歡俯衝下來捕食小雞)，因這一「壯舉」而成了小夥伴們崇拜的人物。畢竟那時打鳥所用的「子彈」只不過是撿來的滑圓石子，哪像現在有什麼雙管五連發獵槍的彈包！

後來讀了中學，只要放假回農村，「百日無雨」就會去打鳥。當然工具已「鳥槍換炮」，用上了殺傷力更強的汽槍。當時出了一些禁止捕鳥的規定但從沒有執行過，形同虛設，打鳥在許多人眼裡還是順理成章的事。不過令「百日無雨」永遠沒法忘記的是因為打鳥，鄰居家裡的一個天真活潑的小孩被汽槍的鉛彈射中，永遠失去了一隻眼睛。看著鄰居小孩的痛苦和孩子母親的淚水，那一刻他感受到了一股深重的悲哀！

一直到「百日無雨」考上大學，外出讀書，打鳥的行徑才暫停。可畢業工作後，由於兩個同事喜歡打鳥，所謂「近朱者赤，近墨者黑」，和他們素來交好的「百日無雨」不知不覺中又加入了打鳥的行列。那時打鳥裝備大大超過從前，他們用的是單管和雙管獵槍，連在天上飛的鳥也能打得下來。

「百日無雨」第一次和同事們用獵槍打鳥是在沙灣，那是在秋天農曆九月的一個清晨，他們在村邊一片草地上等著。因為對於從海邊飛過來的那些疲憊的鳥兒來說，冠頭嶺的那片綠色簡直是一種誘惑，所以這是它們的必經之路。旁邊也有很多打鳥的人在等著，捕鳥者都已經十分熟悉了。

等了很久同事去了廁所，這時一群火鴿飛了過來，目測有一百多隻，高度大概三十米左右。鳥兒飛得很快，「百日無雨」一把拿過獵槍，瞄準、扣扳機，沒響！鳥兒平安飛了過去。仔細一看，原來還沒上膛。後來同事回來了，「百日無雨」把「鳥情」告訴同事，同事無比遺憾地說，如果那一槍響了，這是最佳射程，起碼得掉下二三十隻。二三十隻？二三十條小生命？這麼厲

和諧的紅樹林

害？！「百日無雨」震驚了，再看看身畔這麼多槍枝和打鳥的人，可以想見鳥兒的多舛命運了。

由於上班忙碌，大家並沒有太多時間去打鳥，但「百日無雨」略略估計，這麼多年下來，也還是有不少的鳥在自己手裡喪命。

一個偶然的機會「百日無雨」在海泰別墅做工程，在那裡認識了一個叫「肥馬」的監理——一個徹頭徹尾的志願者，「肥馬」把「百日無雨」引進了志願者的行列。

「近朱者赤，近墨者黑」，這句話被再度印證。看著「肥馬」整天快樂充實的生活，「百日無雨」頗為羨慕，被帶著走上了另一條路。他不僅參與了環保、助學，奉獻愛心，還從打鳥分子轉變成了一個堅定的護鳥者。

這位地道的北海仔的心路歷程也是北海青年的尋常故事，他的故事引起了不少人的共鳴。

　　為了能讓捕鳥重災區的北海成為護鳥的主戰場，愛鳥的人可謂煞費苦心。志願者們聯合北海市森林公安成立了「百林鳥志願護鳥小分隊」，隊員們之間彼此稱為「鳥友」。而「鳥友」中，最活躍的莫過於「大虎」「大雨」「大三小二」「紅鼻子」「鐵騎」「伯勞」幾位。

　　「大雨」是網名。在現實生活中，他是一名警察。

　　一直以來，「大雨」一直用鏡頭記錄鳥類生存狀況、傳播環保意識。在他的鏡頭中，海鳥是可愛的精靈，是降落人間的天使。

　　為了讓市民認識身邊的候鳥，志願者們將「大雨」拍攝的候鳥圖片展搬到冠頭嶺景區、大冠沙紅樹林景區、社區和中小學，讓大家都能看到各種遷徙候鳥圖和介紹。不少市民慨嘆：在北海這麼多年，竟不知還有這麼美麗的鳥在身邊。

　　週末，志願者組織家長帶孩子上山，或到海邊觀看紅樹林濕地中的飛鳥。沿海漁村的小學生有了變化，他們有的主動回家動員家長拆除自家立的捕鳥網，有的悄悄帶志願者去拆除捕鳥網。一些村民還主動帶志願者上山，對冠頭嶺上的捕鳥場地進行實地調查。這些捕鳥場大多數是這些村民設的，自然熟門熟路。「大雨」感慨而欣慰：「僅五月三十日一上午，村民就帶我們查到十四個捕鳥場。」

　　如何才能有效阻止、打擊偷獵者的行為呢？這也是森林公安民警和護鳥志願者一直在思考解決的問題。通過調查他們發現，偷獵者其實大都為周邊的村民和一些有特權的市民，前者以打鳥為生計，後者則是為了顯示身分和消遣。

　　對於後者來說，不怕公安就怕鳥友和志願者。民警執法在明處，他們遠遠

看見便逃避，民警警力不足，正面交鋒機會不多。而鳥友卻無處不在，在暗處把打鳥者拍攝下來曝光，甚至當場組織一群鳥友對偷獵者進行教育和干預。

鳥友「大雨」談起了自己和其他志願者往年的做法：「我們把偷獵者常去的地方設置成觀鳥點，把他們的地盤給占了，讓他們無處藏身。他們一看人多，也不敢打鳥了。」

二〇一三年秋天，森林公安和鳥友們一起在冠頭嶺上選擇了三十個偷獵者經常去的地方，進行定位和標示，準備在這些地方建立觀鳥點。他們在山上拆掉幾個打鳥人用於誘捕鳥類的木棚，並掛了二十多個「愛鳥護鳥監控點」的木牌和近十條宣傳愛鳥的橫幅。

通過「大雨」的牽線，項目組還把眾多鳥類博士請到北海，給志願者們作了題為「野外觀鳥及北海的鳥類資源」的講座。蔣博士結合大量的鳥類保護科研課題、野外考察實例、精美鳥類攝影圖片，系統地介紹了觀鳥和護鳥的基本常識。

這個行動也得到了國際野生動植物保護組織的支持，該組織已經在冠頭嶺上建立起了猛禽監控站，專門對途經北海的大型猛禽進行統計以用於科學研究，這在國內尚屬首次。

鳥友「鐵衣」從捕鳥網上救下來一隻游隼，憑著豐富的鳥類救護經驗，「鐵衣」給它戴上了鷹帽，消毒後又給大鳥的腿上了夾板……

游隼是國家二級保護動物，是隼屬最大的一種，又名花梨鷹、鴨虎，是生活在北美洲的晝行性中型猛禽。游隼飛行速度很快，俯衝時速可達每小時三八九公里，是世界上飛得最快的鳥類。

救回的這隻猛禽胸部和腳受傷了，「鐵衣」分析，游隼的腳有可能斷了，護理起來會有點麻煩，但自己又沒有整塊的時間。於是，他在民間網站「北海

365」上發帖，「緊急招募數名志願者，救護一隻斷腿游隼」，帖子立即引起了大家的關注。

他在帖子裡要求志願者要愛護野生動物，每天有一定空閒時間可以照料傷鳥，在培訓班上過「大虎」老師猛禽救助課的更佳。工作內容要求每天購買食物給游隼餵食，觀察游隼傷情，清潔游隼暫居場所，做好每日救護日誌。

經過熱心的志願者們悉心呵護，數週之後游隼漸漸恢復了生機。一個豔陽高照的上午，志願者們將已經恢復如初的猛禽在野外放生，只見游隼振翅飛向林間，並無盤旋留戀。

也許自由飛翔就是對這些愛鳥護鳥之人最好的告別吧。

巡山、拆鳥網、環境教育、鳥類知識普及、救護猛禽……「鳥友」們一直在行動。

除了冠頭嶺，森林公安民警與鳥友、志願者們最常去的地方還有大冠沙紅樹林濕地。

「海上森林」的紅樹林是鳥類的天堂，景區的紅樹林裡棲息著各種各樣的海鳥，其中最多的是白鷺，群群白鷺在林間覓食玩耍，怡然自得，偶爾被漁人驚起，百鳥飛翔的景象蔚為壯觀。

一種叫牛背鷺的鳥最可愛，它以牛背上的寄生蟲為食，因此總是落上牛背。在這裡，你經常可以看到牛兒在慢慢地吃草，背上立著一隻白鷺，非常寫意而和諧。

海邊廢棄的塘邊棲息著許多海鳥，其中有白鷺、池鷺、中杓，還有上千隻須浮鷗，有的棲息在電杆上，有的圍在蝦塘上空伺機捕魚。魚塘老闆林先生說，每天都有上千斤魚被海鷗吃掉，但他也不忍心打它們。林先生臉上露出一

絲溫情的笑容，說：「別說你們這些記者和攝影家，就是我們也愛看海鷗飛。」

　　廣西有一首很著名的民歌：

　　花針引線線穿針，男兒不知女兒心，

紅樹林生態養殖場所

鳥兒倒知魚在水，魚兒不知鳥在林。

歌聲甜美婉轉，意境簡單生動。

鳥兒、魚兒、樹林，男人、女人、生活，只有眾生平等，「萬類霜天競自由」，才有和諧與安寧，甜美與幸福。

舌尖上的生態

治理、修復濕地生態環境，建設美麗中國，如今已是中國生態文明建設的重點，對於廣西各級政府來說更是如此，「美麗廣西，清潔鄉村」已經成為一種常態。在北部灣沿海，花大力氣用於紅樹林濕地生態的恢復無疑是最生態環保的選擇。

人工繁育紅樹林是保護和發展紅樹林的重要方向，然而發展人工紅樹林卻不可避免地遭遇保存率低、無地可種的瓶頸問題。

中國地質大學（北京）海洋學院碩士生導師楊娟曾經提出：要緩解人工紅樹林無地可用的局面，政府相關部門不妨採用「以退為進」的策略。那些不願退圍還林的養殖戶也有自己的苦衷：拆了他們的「圍」可能就斷了他們的經濟收入。政府宜「疏」不宜「堵」，不妨以此為切入點，對退圍還林的漁民予以適當經濟補助，並培訓、發展其成為養護人工林的技術員等工作人員，變養殖戶為「護林員」，可能會收穫雙贏的效果。

生態養殖

　　怎麼能夠為紅樹林周邊居民找到一條替代生計，避免因生物多樣性保護而受到限制、禁止從而造成生計受到影響的道路，已成為燃眉之急。

　　作為學者，楊娟的建議很正統也是生態保護區最常見、最普遍的做法。關於怎麼實現紅樹林的社會環境效益與經濟效益共同推進，各方各面都一直在探

范航清和 John Pernetta 在防城港紅樹林示範區項目文件上簽字

索，也都一直未能找出受惠面更廣、操作性更強、更接地氣的方法。

相形之下，廣西紅樹林研究中心主任范航清「讓樹生錢」的生態養殖模式的探索和實踐引起了國際國內的廣泛關注。這種模式不但環保價值高，不砍一棵紅樹林，不破壞紅樹林生態系統，保持紅樹林中原有的生物，比如青蟹、文蛤、泥丁、泥蚶等，經濟收益還高，是普通紅樹林間養殖效益的十倍以上。養殖物產出的糞便，還可通過管道排到附近種的紅樹林苗圃裡做肥料。

有人形容此舉大膽、前衛，也有人形容這是異想天開。但誰都不可否認他的團隊在收穫經濟成果的同時，最大限度地保護了紅樹林生態的完整性。

在范博士的基地裡，只要退潮就能看見成片紅樹林淤泥裡，「長」出一排排白色的管子，這就是范航清博士發明的「地埋式水體自更新管網生態立體養殖系統」。因為管子插在紅樹林中，也被人形象地稱為「種魚」。

這究竟是怎樣的一次創新，又有著怎樣的現實意義呢？

故事要說回到九年前，甚至更早。

科學界把紅樹林可持續利用的標準界定為：對環境影響小，不砍伐紅樹林，不占用紅樹林生態環境，不改變紅樹林灘塗自然屬性；促進紅樹林生長與恢復；有利於生物多樣性恢復與維持；有助於減輕貧困，大幅度提高單位面積的現金收入，提供替代生計；提高自覺保護意識，形成保護激勵機制。

而此前紅樹林的利用模式是——

基圍養殖：實際上是在紅樹林內砍樹建蝦塘，改變紅樹林生長的地形地貌；

圍網養殖：雖然對生態干擾小，但單位面積產量低，海岸鼠害易造成崩網，養殖回捕率小於百分之十五；

放養家鴨：大量家鴨增加排泄污染，導致蛀木生物「團水蝨」爆發，造成紅樹林成片死亡……

基於以上的科學標準和社會現實，范航清開始了地埋管道保育系統的思考和研討。經過縝密思考，范航清認為可持續的利用是切實保護紅樹林的一個很重要的途徑，是全球紅樹林保護的重大戰略需求，該觀點在《南中國海紅樹林保護戰略行動計劃》得到了肯定。

二〇〇四年，范航清接手了聯合國一個科研項目，這個課題也正是范航清琢磨了二十多年的關於紅樹林濕地保護的項目。早在一九九三年，范博士在發

表的第一篇紅樹林原位生態養殖的論文中，就提出了生態養殖工程模式的構想。但由於缺乏資金和經驗，思路只能停留在設想上。直到二〇〇五年，該設想獲得了聯合國環境署全球環境基金「扭轉南中國海與泰國灣環境退化趨勢」南中國海項目的支持。

二〇〇五年，范航清力促「地埋管道保育系統」獲得全球環境基金立項，並得到自治區科技廳、財政廳的大力支持。

同一年，范航清依託其野外基地的三畝紅樹林，開始搞紅樹林生態文明創新實驗基地——地埋式水體灘塗魚類生態的養殖。

二〇〇七年，范航清帶領研究團隊在防城港基地試驗地埋管道保育系統，以半開放管網的方式在紅樹林裡鋪設各種管道。

紅樹林裡中華烏塘鱧生態養殖區

二〇〇九年，科研組第一次投放二百公斤魚苗，一夜之間魚翻白肚，損失五萬元，導致資金緊張，科研團隊陷入一片質疑之中。

范航清也有點兒心慌，但他是領頭人不能驚慌失措。他做隊友的動員工作：「失敗是成功之母，漁民都看著我們，我們不能氣餒。」然後他帶領大家重新調試管道，修補漏洞，從頭再來。

作為一個科學家，他有著更為貼近現實的心態和習慣。在他的理解，所謂創新，必須得與實踐反覆碰撞！

那幾年，范博士常常到防城港的項目基地去，每天晚上都跟幾個養殖專家喝點小酒，微醺耳熱，思路洞開。他講理論，養殖專家從實踐角度幫他解決問題；養殖專家講經驗，他試著用科學方法來梳理和提升。

關於地埋式網管，起初范博士嘗試過在林間挖小池，但是水不流動，後又建兩個池，中間加條管，但是效果依然不好。這幾個「酒友」專家通過多年的養殖經驗提出將管道埋到地裡。但缺氧如何解決？又成了新的問題。

有專家提出，要不豎起一根管，通過網眼增加氧氣。范博士覺得可行，於是再度調整，不但解決了缺氧問題，還一舉兩得，漲潮時，大量的天然餌料通過網眼進入管道，為魚提供了豐富的食物。

就這樣，系統被一點一點修改完善。

「種魚」系統是立體式的，以不砍紅樹林、保持紅樹林生境系統為原則，將養殖管網埋在泥裡，隔幾米就豎起一根管子用作換氣。冒在地面上的水體自我更新，管子下面還連著一根管，圍在樹林周圍，養殖就是在這根管子搞出來的，最後匯聚到一個魚塘。這個魚塘和傳統魚塘相比，只需占很少的地，范航清詼諧地給這個生態養殖基地取名「2.5 星級賓館」。

沒有人比這些工作人員更熟悉海洋的脾性了，每一次海潮漲落，都是他們「種魚」系統的天然機械動力，利用潮汐的作用，整個系統得以運作。一段時間以後，養殖的魚都已略通人性了。每天飼養員來喂食，只需敲擊管道，魚就會迅速地游過來。而「飼料」就是林地的一些天然小魚蝦，絕少使用藥物，從而避免了污染水質。

目前他們主要養殖中華烏塘鱧，這是一種與紅樹林相適應的自有物種。中華烏塘鱧俗名泥魚、杜鰻、烏魚、塭魚、土魚、蟹虎，是高蛋白低脂肪的名貴食用魚類，其營養豐富、肉質細嫩、味道鮮美、肥而不膩、鮮而不腥，是名貴高檔食用魚類之一，向來受到廣大食客和港澳客商的青睞。民間有將中華烏塘鱧作為優良滋補食品送給病人手術後食用的習慣，能加速傷口癒合。中華烏塘鱧市場價格達到每公斤 150 元左右，可以說經濟價值相當高。

二○一○年，地埋管道保育系統第一次產魚 150 公斤。

此後，保育系統每年都能正常產魚。管子裡養殖的魚與同等單位養殖面積相比，增收將近一半，而且還不包括紅樹林裡的其他海產品收成。

基地的紅樹林已由開始之初的三畝發展到十多畝。現在，生態養殖的畝產值已經達到六千元以上。

試驗表明，地埋管道保育系統面積占基地紅樹林面積的約 2%，生境干擾小，10% 至 20% 的餌料來源於自然海區，能有效促進紅樹林和生物多樣性恢復；利用潮汐能驅動，低碳環保；魚苗當年投放成活率 80%，回捕率 95%，每年每畝魚產值 0.7 萬元至 1.2 萬元，為紅樹林自然產出的 15 倍以上。

更為重要的是，地埋管道保育系統為解決紅樹林保護與開發利用之間的尖銳矛盾提供了一個創新途徑，將人類生產海洋魚類蛋白質的空間由地表水擴展到地下，也為紅樹林生態文明建設增加了一個生動具體的著力點。

穿行在范博士和他的團隊在林中灘塗建起的「海上棧道」，樹在頭上、魚在腳下、人行其中，那一刻，真是感覺大千世界，萬物和諧。

　　業內人士將范博士的養殖模式喻為「舌尖上的生態」，因為海洋生態與人們餐桌上的食物密切相關，只有解決好農民吃飯問題、生存之道，才能更好地推進海洋生態建設。

　　執著的范航清解釋自己的最初動力：「老百姓把紅樹林砍掉，變成蝦塘，才能養魚。我就是要留著紅樹林，還要能養魚，這就是我們要回答的問題。我們的思路是，既能讓老百姓認識到紅樹林的重要性，又能讓他們直接受益。」

　　幾年來的實踐證明，該模式不僅能夠保得住紅樹林，還能繼續發展紅樹林。此模式受到示範地防城區農民的歡迎，贊其為「樹要長，種（生物多樣性）要保，錢要掙，酒要喝」。這「酒要喝」就是和諧發展，方方面面都滿意，皆大歡喜，「生態文明」「物質文明」雙豐收。在他們看來，生態養殖成果成功與否的衡量標準就在於此。目前，北海、防城港和欽州三地公益組織已經利用「全球環境基金小額贈款項目」開展了中華烏塘鱧的紅樹林生態養殖推廣。

　　「基於地下管道的紅樹林原位生態保育系統」被列為《國家「十二五」濕地保護工程》重點示範項目，二〇一二年十月，「亞太地區紅樹林恢復與可持續管理激勵機制研討會」在北海召開，各國專家給予一致的評價：「基於地下管道的紅樹林原位生態保育系統」是全球首創，在亞太地區紅樹林可持續保護中具有重大應用前景。

　　也有人對他們這種模式有「天然的懷疑」，人們擔心它會不會帶來一些負面效應？是否可持續發展？

　　范航清目光堅定：「我堅持認為，生態養殖對樹林是有好處的，因為紅樹

防城港榕樹頭古榕樹

林不光是樹，它是一個整體的生態系統。實際上，這種模式僅僅是利用了紅樹林很小的一個部分，是生態系統的一個小環節。我們的初衷和前提是保護紅樹林。」

范航清和他的科研團隊建立的紅樹林生態文明創新實驗基地，引起了各家媒體記者的關注。二〇一三年三月，《美麗中國——濕地行》系列節目製作組抵達北海，開始了近一個月的實地採訪。五月二十二日，系列節目的第三集

《海岸衛士——廣西北海紅樹林濕地》播出，其中中華烏塘鱧的規模化養殖作為該專題片的重頭戲，通過 CCTV 國際頻道播出，引起了全球華人的關注。

國家林業局濕地辦主任馬廣仁在第三屆中國濕地文化節大型電視訪談節目《8＋1 對話》中表示：「從保護上，按照濕地公約的精神，我理解是兩句話，一句話叫有效保護，第二句話叫合理利用。」應該說，范博士和他的團隊做到了這兩句話。

南中國海周邊國家是全球紅樹林的分布中心，其紅樹林面積占全球紅樹林總面積 1576.3 萬公頃的 30.54%，該地區的絕大部分是臨海經濟欠發達國家，對紅樹林原位生態養殖有著強烈的興趣和合作意向。聯合國環境規劃署已將紅樹林原位生態養殖和增殖技術的研發和推廣納入《南中國海紅樹林戰略行動計劃》。

從單純的研究、保護紅樹林到合理開發、利用紅樹林，一路走來，范航清意志更加堅定，視野更加開闊，思維也更現實。

紅樹林是廣西北部灣可持續發展的一個突出標誌，其保護問題是國內外關注的一個焦點。通過合理利用，將紅樹林資源優勢轉化為產業優勢，同時形成「保護紅樹林就是保護錢袋子」的共識，是全球紅樹林保護的戰略性需求，也是落實黨的十八大精神關於「生態文明建設」的一個重要舉措。而且長期以來，在國家和全球層面上，廣西缺少具有影響力的海洋科技創新技術，不僅影響到廣西的海洋科技工作，也影響到廣西占領海洋新興產業高地。

由此，范航清向政府提議在欽州茅尾海建立全球第一個紅樹林保護與生態利用的戰略性示範基地「中國紅樹林生態文明創新與示範戰略基地」，示範紅樹林保護恢復與利用互相兼容的可持續理念和創新技術體系，為解決全球紅樹林保護與社會經濟發展之間的尖銳矛盾提供一個戰略性平臺，引領中國海洋生

態經濟的突破，提高廣西和中國在亞太地區海洋生態保護問題上的話語權，為公眾提供海洋生態經濟科普旅遊的天然博物館。

建設內容包括：保護和恢復種植紅樹林，建設中國紅樹林和濱海瀕危植物種源庫；在紅樹林地下部進行魚類保育，在林內灘塗進行貝類恢復，在紅樹林淺海區進行海洋生物資源增殖、示範生態養殖和保育模式；建設「科研教育樓」「亞太地區紅樹林生態文明交流與培訓中心」，展示中國的海洋創新技術和注重海洋生態保護的國策，促進廣西與東盟各國海洋合作等，基地建設匡算二千五百萬元人民幣。

不得不承認，以前紅樹林是一塊燙手的熱山芋，「有保護沒開發，可看不可用」。如今實踐證明生態可以賺錢，環境也能增效。范航清不無期待，當紅樹林變成搖錢樹，紅樹林保護就容易了。當紅樹林變成搖錢樹，海洋經濟可持續發展必將實現全面豐收

范航清心中有一筆「海洋經濟賬」：截至二〇一二年，中國有紅樹林約 2.4 萬公頃，國家規劃恢復紅樹林到六萬公頃。其中，可開展原位生態養殖的紅樹林面積約五萬公頃，加上互花米草（海洋入侵物種）灘塗約六萬公頃，合計十一萬公頃。按每畝年產值 0.8 萬元計，每年可產出 132 億，為 16.5 萬戶家庭提供海上就業機會。

可是與此同時，廣西還有陸基蝦塘超過五十萬畝，這是廣西北部灣近海僅次於入海河流的第二大污染源。如何將傳統蝦塘進行生態改造與產業升級，在爭取不低於傳統蝦塘養殖經濟收益的同時大幅度減少污染入海排放量，促進海洋生態文明建設，已成為廣西紅樹林研究中心的又一個新命題。

當然其前提是要整合紅樹林後方的蝦塘，因為生態養殖需要退潮後的海水驅動。蝦塘養殖與紅樹林地埋管網生態養殖如何耦合起來依然是一個巨大挑

戰，它涉及蝦塘納潮高效益養殖方式和土地所有權與收益權的統一問題。

不論如何，中心在紅樹林生態養殖方面跨出了重要一步。中心的工作人員心裡有這樣一個宏觀藍圖，那就是「海陸過渡帶藍色蛋白高效培育自淨化大系統」，大體包括陸基生態蝦塘養殖與休閒漁業—海堤減災—紅樹林地埋管網養殖—灘塗增殖—近海天然繁殖子系統。理想很大，命題很難，卻值得為之前赴後繼的攻關。

廣西在中國—東盟自貿區建設進程中發揮著前沿地帶的作用，當前廣西正加快北部灣沿海地區的開發建設，北部灣經濟區風生水起。范航清呼籲廣西充分發揮自己的技術優勢和特色資源，搶占先機，引領全球紅樹林的可持續保護與合理利用，將紅樹林作為北部灣「生態環境衛士」的作用不斷加強，讓「海洋強國」夢想成真。

「十大魅力濕地」

二〇一三年十月三十一日，在北海北部灣路上某家本地大排檔裡，一幫新聞圈的朋友聚在七嘴八舌談工作，聊採訪見聞。此次聚會有一個主題，等候晚上八點 CCTV1 的重要節目。

八點整，中央電視臺一號演播大廳內燈光璀璨，主持臺背後，兩株二米多高的紅樹植物被燈光映照，顯得格外俊秀挺拔。由中央電視臺主辦，歷時近半年的「美麗中國・濕地行」大型公益活動落下帷幕。

當著名主持人李瑞英宣讀首個榮獲「中國十大魅力濕地」獲獎單位——北

海山口國家級紅樹林自然保護區時，現場千餘名觀眾掌聲四起。

在入選濕地中，北海紅樹林是唯一一個以植物為主體的濕地，具有典型性。

北海山口紅樹林保護區榮膺「中國十大魅力濕地」稱號，並成為當晚首個受獎單位在央視演播廳領獎，這也是廣西唯一獲此殊榮的濕地保護區。范航清博士代表北海，從國家海洋局副局長手中接過精緻的水晶獎盃。

電視機前，這幫圈內的朋友也是興奮異常，大家忙著用手機去拍攝電視螢屏上關於北海紅樹林的優美畫面，截屏發微信朋友圈。

二〇一三年五月，中央電視臺啟動大型公益活動「二〇一三年『美麗中國·濕地行』」。在中國四十一個國際重要濕地、四百餘處國家濕地公園、五五〇餘處國家級自然保護區中，經過徵集推選、紀錄片展播、網絡投票等多個環節，按照「價值是否突出、形態是否典型、物種是否獨特、保護是否有力」的標準，選出二十個「美麗中國·魅力濕地」評選活動候選對象。又經過國家林業局、國家海洋局、中央電視臺等單位組織的專家學者認真評選，北海山口紅樹林國家級自然保護區最終榮獲「中國十大魅力濕地」稱號。

此次評選活動評委之一、濕地國際組織中國辦事處研究員、主任陳克林評價說：「北海山口紅樹林國家級自然保護區這麼多年來沒有受到破壞，保護有力，當選『中國十大魅力濕地』稱號當之無愧！」

生長於熱帶、亞熱帶的紅樹林被喻為最典型的「生物海岸」，作為中國最早的海洋類型自然保護區，八一八點八平方公里的山口國家級紅樹林生態自然保護區內，生物多樣性豐富。

央視記者的鏡頭裡不僅記錄了連片天然紅海欖群、全球存活約百隻、列入「瀕危物種紅皮書」的黑臉琵鷺，行動敏捷地爬行在沙灘上、密密麻麻的小沙

記錄下紅樹林的美麗風光

蟹，還敏銳地捕捉到了擁有「海上大熊貓」之稱的國寶級動物——中華白海豚。在精心製作的專題片裡，觀眾可以看到記者的鏡頭捕捉到了兩頭白海豚，一頭白色，一頭灰色。廣西合浦儒艮國家級自然保護區管理站工程師張振華介紹說，小海豚剛出生時是深灰色，然後慢慢地顏色越來越淡，到老年就成白色了。

中華白海豚處於整個海洋食物鏈的頂端，它的生存狀況反映著整個海洋生態系統的狀態。中華白海豚的出現，證明北海紅樹林對維護濕地海洋生物的多樣性起到了極其重要的作用。

令人遺憾的是，與中華白海豚一樣被列為中國僅有的兩種一級保護海洋類哺乳動物——儒艮，卻沒能鮮活地出現在屏幕前。不過，專題片記錄了關於儒

生機盎然

艮——傳說中的「美人魚」的隻影片蹤。

專題片的畫外音這樣描述:「美人魚」,這個獨特的名字,幾個世紀以來,激發著人們無窮無盡的想像,其中最著名的當屬安徒生筆下的小美人魚。美人魚究竟是什麼樣子?真如傳說中那樣擁有驚人的美麗嗎?北海紅樹林濕地的沙田區域就是美人魚的故鄉,在這裡很多人都親眼見過美人魚。

實際上,儒艮是海洋中最珍貴的脆弱等級物種之一,主要分布於西太平洋和印度洋海岸的中國和澳大利亞一帶,已有二千五百萬年的海洋生存史。

歷史上,當地人對儒艮從來不捕捉濫殺,村民甚至當儒艮是一種神物來崇拜,如果無意中捕到都會立即放生。直到一九五八年,這種情況發生了徹底改變。

在北海沙田鎮上新村村民付乃在的記憶裡，在一九五八至一九六二年間，僅他一人在五年內就抓了二二〇多頭。捕捉「美人魚」的主要動機十分詭異：儘管傳統中國人由於食物匱乏，而執拗地在大自然內搜尋一切可以果腹的食物，而捉捕「美人魚」出於獲取食物的可能性卻並不高，因為食用過「美人魚」肉的人幾乎沒有人認為它是好吃的。

很多老人回想起來，捕捉「美人魚」的原因更有可能是當年的政治風潮下集體無意識的選擇。無知的濫捕濫殺、海洋棲息地的破壞、漁船數量的增加……使得儒艮的種群數量急遽下降。直到一九六三年，有關部門下發通知不准再抓捕，這種行為才停止。

而二十世紀七〇年代中期的一次聞名遐邇的捕捉「美人魚」活動，則是為了配合珠江電影製片廠拍攝科教影片而有意為之。

一九七六年，有關部門為了做科研，在北海捕獲了二十三頭儒艮，珠江電影製片廠曾經專程趕往合浦拍攝最後一次捕捉「美人魚」的畫面。只不過「美人魚」非常嬌嫩，二十三頭儒艮中，只有二頭是活的，製作標本的時候，發現其中還有一頭懷孕的「美人魚」，腹中胎兒已經成型。

這種科研活動的粗暴和殘忍給了生機尚存的儒艮最後一次致命打擊。自那以後，合浦縣沙田鎮的人們已經再也沒有見到過它的蹤影。儒艮，這種喜靜且羞怯的動物含恨遠走他鄉。

「美人魚」以生活在淺海處水底的海草為生，「美人魚」吃得越快，海草生長的速度也就越快，這使得「美人魚」的進食成為一種勞作，就像勤勉的農夫在田野裡耕作不休。

吸引「美人魚」來到這片濕地附近海域的主要原因是曾經茂盛的海草以及紅樹林，紅樹林盤根錯節的發達根系能夠有效滯留陸地來沙，減少近岸海域的

紅樹林晨曲

含沙量，為海草的生長起到了穩定作用，保證了草場的水質良好。如果說海草是「美人魚」的食糧，那麼紅樹林就是它的屋宇。

如今，北海也採取了一第列措施來恢復草場的生長，人們期待通過恢復濕地周邊海域以使海草能有良好的生長，或許這樣就能看到「美人魚」的回歸。最近已有五六個漁民陸續報告說他們看見有「美人魚」的蹤影。曾經大面積消失的海草已經逐步得到恢復，這使得美人魚回歸家園不再是一件遙不可及的事情。

為更好地將紅樹林的全貌展示在世人面前，讓更多人了解這片「綠色聚寶盆」，中央電視臺《走遍中國》欄目攝製組曾四訪北海，採訪北海市相關部門、紅樹林科研人員、保護區工作人員以及普通百姓，編導馮海芸說：「每次到北海與紅樹林親密接觸，就會經歷一次心靈的震撼！」專題片播出之後，反響很大。

良好的生態環境是廣西亮麗的名片和特有的優勢。北海紅樹林濕地成功榮獲「中國十大魅力濕地」，成為「美麗廣西」建設的生動詮釋。

「未來北海無論如何發展，環境絕對不能被破壞，這是紅線、底線，不能突破！要金山銀山，更要綠水青山。」北海市委書記王小東、市長周家斌在多個場合曾鄭重發言。

為了加大生態環境保護的力度，北海市將保護環境的行動從保護紅樹林擴大到推動產業發展的全過程。近年來，對工業項目北海堅決抬高門檻，擋住高污染、高能耗項目，「業內是否認可、資金是否充裕、環保是否到位」，成為招商引資的「硬指標」。中石化北海煉化項目環保投入超過六億元，污水處理後可養魚；誠德鎳業集團環境污染治理投資四億多元，粉塵處理率達百分之九十九，煙氣脫硫率在百分之九十以上，達到一級排放標準；而在電子信息產業

配套產業鏈環節中，更是拒絕 GDP 誘惑，主動將投資巨大但有環保隱憂的電鍍加工企業拒之門外。

　　北海紅樹林濕地為何能從全國濕地競爭中脫穎而出，獨具魅力？我們從中看到的不僅僅是單純的保護，更看到北部灣經濟區一直堅持的開發建設與環境保護並重的理念，實現了質與量的統一，保護與發展的雙贏。

尾聲

二○一四年五月十八日，在北海大冠沙紅樹林區發現一隻黑臉琵鷺。這次發現是北海市區範圍內首次記錄到該珍稀鳥類。

黑臉琵鷺是中等體型的涉禽，隸屬於鸛形目、鸛科、琵鷺屬。體長約七十六釐米，全身羽毛大體上為白色，長長的嘴灰黑色而形似琵琶。主要分布於東亞地區，在朝鮮及中國遼寧沿海繁殖，越冬範圍一直到東南亞。

黑臉琵鷺分布區域極為狹窄，種群數量也極為稀少，是全球最瀕危的鳥類之一，已被世界自然保護聯盟（IUCN）列為全球瀕危鳥種，中國亦於一九八九年將其列入國家二級重點保護動物。黑臉琵鷺族群的數量下降，主要是由於棲息地破壞和人為捕獵等行為。一九八八年該鳥種全球僅存 288 隻，隨著全球各地保護力度的加大，黑臉琵鷺的數量逐年增加，但仍屬於極度瀕危鳥類。據香港觀鳥會二○一三年的在全球範圍內的普查，共記錄到 2725 隻黑臉琵鷺。

這是第一次在北海市區記錄到黑臉琵鷺，卻絕不會是北海有記錄的最後一隻。

無獨有偶，二○一四年六月五日，在廣西合浦儒艮國家級自然保護區召開的綜合科學考察報告評審會上，相關綜合科學考察報告首次公布權威數據：國家一級保護動物中華白海豚在北海市海域分布呈現兩大種群，已經識別的數量有 167 頭，按科學調查方法推算約有 295 頭，約占全國總數的 1/4。

經過長達二十八年的保護調查和科考研究，廣西合浦儒艮國家級自然保護區科研人員對北海市海域中華白海豚的分布和活動情況有了比較清晰的了解，中華白海豚在北海市海域分布呈現兩大種群，分別為大風江入海口至南流江入海口之間種群和鐵山港儒艮國家級自然保護區種群。

南京師範大學楊光教授通過 DNA 控制區序列的測定和比較分析，發現北海市中華白海豚個體與珠江口和廈門等其他水域內中華白海豚個體有極為顯著

的序列差異和遺傳分化。在 533 序列中有多達三十三個變異位點，遺傳距離平均為 6.54%，從而揭示了北海海域中華白海豚獨特的遺傳特徵。

根據研究人員估計，目前中國中華白海豚的種群數量不會超過一千隻，而北海市海域的中華白海豚約占四分之一左右。因為中華白海豚對生存環境要求很高，從中可以看出，這些年北部灣在生態建設方向上的努力和成果。

和剛來北海時的執拗、單純相比，此時的范航清多了許多從容和歷練。雖然在許多合作夥伴眼裡，他是個既具浪漫色彩又具理性思維的科學工作者，但作為一名管理人員，他也將他的團隊打造得富於戰鬥精神和創新色彩，成就斐

藍天白雲紅樹林

茂盛的紅樹林

夜色中的紅樹林

然。

　　范博士相信，他將在北海的上空見到更多的黑臉琵鷺，在北海的浪花裡追逐到更多白海豚精靈一樣曼妙的身姿，看到北部灣的海鮮依然鮮活豐富，在中國的海岸線上看到更多的紅樹林和本地濱海植物茁壯成長，宛如銅牆鐵壁一般，挺立在藍天碧海之下，挺立在疾風暴雨之中……那曾是他青春的夢想，也將是他一生的追求和祈望。

昌明文庫・悅讀中國　A0607014

守望紅樹林

作　　者	路　迪、周浩郎
版權策畫	李煥芹

發 行 人　林慶彰

總 經 理　梁錦興

總 編 輯　張晏瑞

編 輯 所　萬卷樓圖書股份有限公司

　　　　　臺北市羅斯福路二段 41 號 6 樓之 3

　　　　　電話 (02)23216565

　　　　　傳真 (02)23218698

出　　版　昌明文化有限公司

桃園市龜山區中原街 32 號

電話 (02)23216565

發　　行　萬卷樓圖書股份有限公司

臺北市羅斯福路二段 41 號 6 樓之 3

電話 (02)23216565

傳真 (02)23218698

電郵 SERVICE@WANJUAN.COM.TW

ISBN 978-986-496-414-7

2019 年 3 月初版

定價：新臺幣 280 元

如何購買本書：

1. 轉帳購書，請透過以下帳戶

　合作金庫銀行　古亭分行

　戶名：萬卷樓圖書股份有限公司

　帳號：0877717092596

2. 網路購書，請透過萬卷樓網站

　網址　WWW.WANJUAN.COM.TW

大量購書，請直接聯繫我們，將有專人為您

服務。客服：(02)23216565　分機 610

如有缺頁、破損或裝訂錯誤，請寄回更換

版權所有・翻印必究

Copyright©2019 by WanJuanLou Books CO., Ltd.

All Right Reserved　　　　Printed in Taiwan

國家圖書館出版品預行編目資料

守望紅樹林 / 路迪、周浩郎著. -- 初版. -- 桃
園市：昌明文化出版；臺北市：萬卷樓發
行, 2019.03
　　面；　　公分
ISBN 978-986-496-414-7(平裝)

1.紅樹林 2.報導文學 3.中國

374.54　　　　　　　　　　　108002902

本著作物由五洲傳播出版社授權大龍樹（廈門）文化傳媒有限公司和萬卷樓圖書股份
有限公司（臺灣）共同出版、發行中文繁體字版版權。